1 基礎解法編
2 反復学習編
3 テストゼミ編

3分冊シリーズ **その1**

日々トレ 算数問題集

今日からはじめる 受験算数 中学受験

〈もくじ〉

この本の内容

概要

　中学入試で問われる算数の単元は幅広く膨大です。しかし，頻出の単元はある程度絞ることができます。本書は，過去の中学入試のデータから中学入試の頻出かつ重要な単元を文章題・図形問題でそれぞれ 20 単元ずつ選定し，それぞれの解法を定着させられるように，数・計算分野の問題もあわせて 1 回あたり 10 題，60 回分のテストを掲載した問題集です。

出題単元と 60 回のテストの内訳

　掲載している文章題と図形問題の各 20 単元は下の通りです。『基礎解法編』では，3 回分のテストが 1 つのセットで，文章題と図形問題のそれぞれから 1 つずつ単元をテーマとして問題が出題されています。単元の並びは，「数」の考え方から，中学入試算数で必須の比，割合など「量」の考え方が必要な単元までつながるようにしています。たとえば，第 1 回目～第 3 回目の文章題は数列・規則性から，図形問題は角度から出題されています。

文章題	図形問題	
数列・規則性	角度	第1回目～第3回目
植木算・方陣算	合同と角度	第4回目～第6回目
消去算	多角形と角度	第7回目～第9回目
和差算	三角形の面積	第10回目～第12回目
分配算	四角形の面積	第13回目～第15回目
倍数算	直方体の計量	第16回目～第18回目
年齢算	円の面積	第19回目～第21回目
相当算	柱体の計量	第22回目～第24回目
損益算	図形と比	第25回目～第27回目
仕事算	相似と長さ	第28回目～第30回目
ニュートン算	相似と面積	第31回目～第33回目
過不足・差集め算	平面図形と点の移動	第34回目～第36回目
つるかめ算	平面図形の移動	第37回目～第39回目
旅人算	すい体の計量	第40回目～第42回目
通過算	回転体	第43回目～第45回目
流水算	空間図形の切断	第46回目～第48回目
時計算	投影図・展開図	第49回目～第51回目
場合の数	立方体の積み上げ	第52回目～第54回目
こさ	水の深さ	第55回目～第57回目
N 進法	さいころ	第58回目～第60回目

Point①
1 回 10 題，60 日間で中学入試頻出の単元の解法をマスター！

Point②
入試頻出の単元を 20 単元ずつを厳選！　中学入試必須の「量」の考え方もスムーズに理解！

Point③
3 回の演習の中でいろいろな解法を確認＆定着！

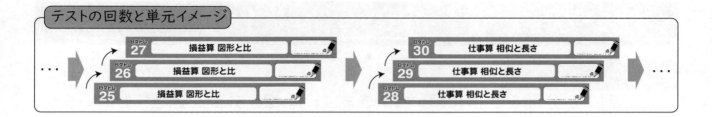

日々トレ 27	損益算 図形と比	点
日々トレ 26	損益算 図形と比	点
日々トレ 25	損益算 図形と比	点
日々トレ 30	仕事算 相似と長さ	点
日々トレ 29	仕事算 相似と長さ	点
日々トレ 28	仕事算 相似と長さ	点

テスト内容

数・計算分野

　どの回も①は計算，②は計算のくふう，③は未知数を求める計算，④は数・割合・比の問題です。自分がどの番号でよく間違えるかで苦手な内容が分析できます。

文章題分野　　図形分野

　文章題，図形のそれぞれで，同じ単元の問題が３題ずつ出題されています。たとえば，第 25 回目の場合，⑤，⑥，⑦ は損益算，⑧，⑨，⑩は図形と比の内容から問題を並べています。

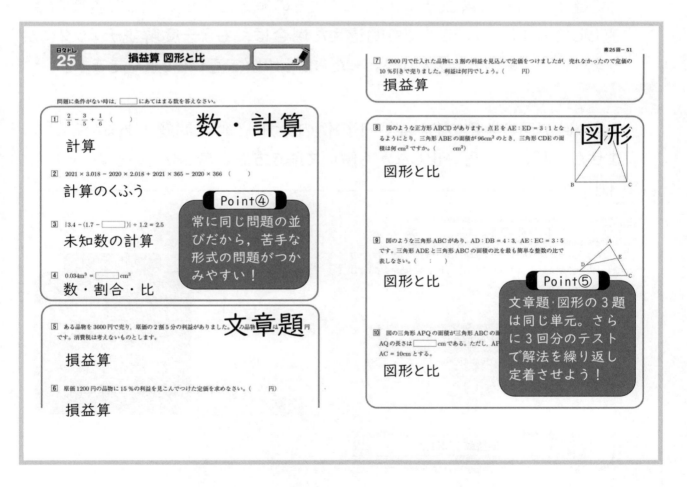

使い方

テスト演習 ✎

　1回25分間を目標に解いていきましょう。25分間を過ぎても構いませんが，1つの問題を3分間考えてもわからなければ，次に進みましょう。

丸付け ○ ✓

　別冊の解答を使って丸付けをします。間違えていた問題は原因を確認しましょう。計算ミスでしたか？ 考え方ミスでしたか？

解説チェック 📖

　間違えた問題や解き方がわからなかった問題の解説をチェックし，解き方を確認しましょう。解説の式を写しながら意味を考えるのもよい方法です。

解き直し ✎

　間違えた問題は解説チェックをしたときの解き方を思い出して再度解き直ししてみましょう。ここでも間違えた場合は，もう一度解説チェックに戻りましょう。解説チェックが終わったらさらに解き直しをしていきます。

テスト演習 ✎

　次の回が同じ単元であれば，下の例のように，似た問題があるかもしれません。解き方を思い出しながら解いて解き方を定着させていきましょう。

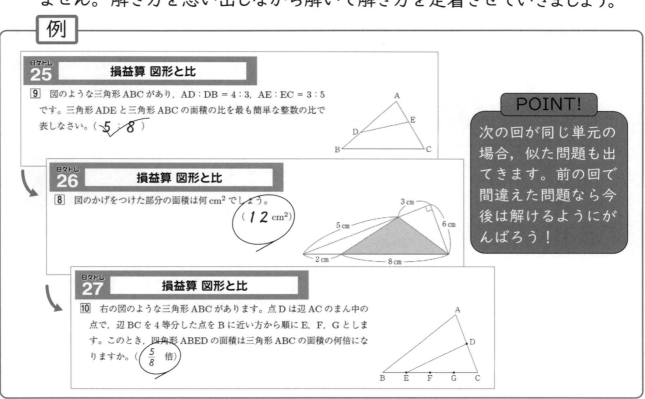

例

| 日々トレ 25 | 損益算 図形と比 |

⑨ 図のような三角形 ABC があり，AD：DB = 4：3，AE：EC = 3：5 です。三角形 ADE と三角形 ABC の面積の比を最も簡単な整数の比で表しなさい。(5：8)

| 日々トレ 26 | 損益算 図形と比 |

⑧ 図のかげをつけた部分の面積は何 cm² でしょう。(12 cm²)

| 日々トレ 27 | 損益算 図形と比 |

⑩ 右の図のような三角形 ABC があります。点 D は辺 AC のまん中の点で，辺 BC を4等分した点を B に近い方から順に E，F，G とします。このとき，四角形 ABED の面積は三角形 ABC の面積の何倍になりますか。($\frac{5}{8}$ 倍)

POINT!

次の回が同じ単元の場合，似た問題も出てきます。前の回で間違えた問題なら今後は解けるようにがんばろう！

1 基礎解法編
2 反復学習編
3 テストゼミ編

3分冊シリーズ**その1**

日々トレ 算数問題集

今日からはじめる 受験算数 中学受験

反復練習!!

テスト形式で

1日2ページ60日の集中特訓!

弱点確認!

計算問題

中学受験算数の **解法**が身につく

図形問題　**文章**問題

問題に条件がない時は，□ にあてはまる数を答えなさい。

1　367 + 188　（　　　　）

2　1.23 × 6 + 1.23 × 7 + 1.23 × 8 + 1.23 × 9　（　　　　）

3　$\left(1 - \dfrac{1}{3} + \dfrac{1}{5} - \dfrac{1}{7}\right) \times$ □ $= 228$

4　67cm = □ km

5　$\dfrac{15}{7}$ を小数で表したとき，小数第 1 位から小数第 24 位までの数字を足すと □ である。

6　ある規則に従って並んでいる数字の列 3，7，11，15，…の 20 番目は □ です。

7　17，23，29，…と規則的に数が並んでいるとき，この列の1番目から20番目までの数の和はいくつになりますか。（　　　）

8　右の図において，三角形ABCはABとACの長さが等しい二等辺三角形です。このとき，アの角の大きさは何度ですか。

（　　度）

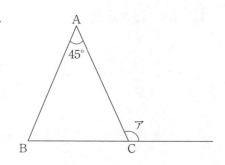

9　図は，長方形と二等辺三角形を組み合わせてできた図形です。角あの大きさを求めなさい。（　　度）

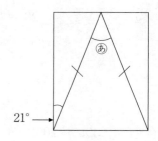

10　次の図で，角アの角度を求めなさい。（　　度）

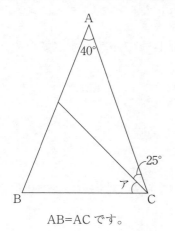

AB＝AC です。

数列・規則性 角度

点

問題に条件がない時は, ☐ にあてはまる数を答えなさい。

1 65 − 27 + 32 （　　　）

2 1 × 2018 + 2 × 2018 + 3 × 2018 + 4 × 2018 （　　　　　）

3 ☐ ÷ 23 = 7 あまり 1

4 0.35t + 200kg + 46000g は何 kg ですか。（　　　kg）

5 $\dfrac{1}{2}$, $\dfrac{1}{3}$, $\dfrac{1}{4}$, $\dfrac{1}{2}$, $\dfrac{1}{3}$, $\dfrac{1}{4}$, ……のように, $\dfrac{1}{2}$, $\dfrac{1}{3}$, $\dfrac{1}{4}$ がくり返しならんでいます。
はじめから数えて 8 番目の数は ☐ です。またはじめから 19 番目までの数をすべてたすと ☐ です。

6 1, 3, 9, 27, 81, 243, ……のように, ある規則にしたがって数がならんでいます。2019 番目の数の一の位の数字は ☐ です。

7 1, 4, 9, 16, ☐ , 36, …

8 図は三角じょうぎを組み合わせたものです。あの角の大きさは
   ☐ 度，いの角の大きさは ☐ 度です。

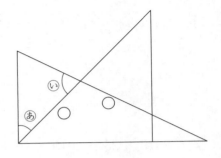

9 右の図で，•印のついた角の大きさを求めなさい。（　　　度）

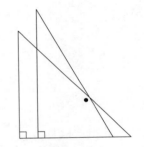

1組の三角定規を重ねたもの

10 1組の三角定規を図のように重ねるとき，アの角の大きさは ☐
   度である。

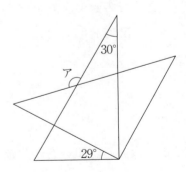

数列・規則性 角度

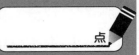
点

問題に条件がない時は，□□□□にあてはまる数を答えなさい。

1 34 × 14 ÷ 51 （　　　　）

2 2019 × 23 − 2019 × 19 + 2019 × 6 （　　　　）

3 （□□□□□ − 9）÷ 3 = 6

4 3.2m² は □□□□□ cm² です。

5 次の数字はあるきまりにしたがって並んでいます。21 番目にくる数を求めなさい。また，21 番目までの数の合計を求めなさい。21 番目（　　　） 21 番目までの合計（　　　）

　　　5，11，17，23，……

6 白い石と黒い石が○●○○●●○●○○●●○●○○●●…と規則正しく並んでいます。100 個並べたとき白い石は □□□□□ 個あります。

7 右の図のように，はじめに１辺１cm の正方形を書き，次に１辺 １cm の正方形をその右に書き，３番目に１辺２cm の正方形をその 下に書く，というように次々に長方形ができるように正方形を書い ていきます。このとき，８番目に書く正方形の１辺の長さは何 cm ですか。（　　　cm）

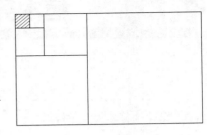

8 図の直線アとイは平行です。角 x の大きさは何度ですか。
（　　　度）

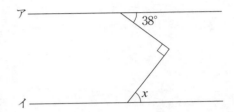

9 ㋐の角度を求めなさい。ただし，㋐と㋑の直線は平行です。（　　　度）

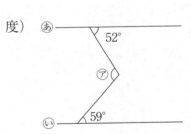

10 右の図で，直線㋐と直線㋑は平行です。２つの角 x と y の 和は □ 度です。

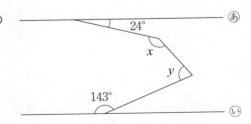

問題に条件がない時は，□□□ にあてはまる数を答えなさい。

1　$37 - (2 + 5) \times 3$　（　　　　）

2　$17 \times 32 - 30 \times 17 + 8 \times 17$　（　　　　）

3　$157 \div \boxed{} = 7$ あまり 10

4　$135\mathrm{m}^2 = \boxed{}\,\mathrm{a}$

5　100m の道路に 4m おきに木を植えます。道路の両端にも木を植えるとき，何本の木が必要ですか。（　　　本）

6　電柱から電柱まで 102m あります。この電柱の間に等間隔で木を植えると，全部で 16 本になりました。何 m 間隔で木を植えましたか。ただし，電柱と木も同じ間隔とします。（　　　m）

7 池のまわりに木を植えるのに，間隔を4mにする場合と6mにする場合では，必要な木の本数に15本の差がでます。この池のまわりに，間隔を5mにして木を植えるには，木は何本必要ですか。

（　　　　本）

8 右の図において，角xの大きさは　　　　　°である。

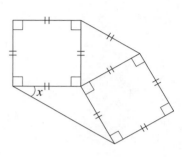

9 図は2つの正三角形を重ねています。角アの大きさは何度ですか。

（　　　　度）

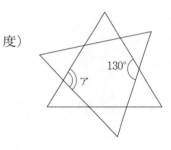

10 図は正三角形を折り返したものです。このとき，角xの大きさは何度ですか。（　　　　度）

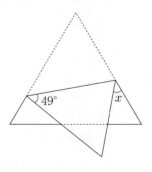

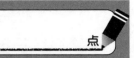

問題に条件がない時は，$\boxed{}$ にあてはまる数を答えなさい。

1　$5 + 27 \times 13 - 12 \times 8$　（　　　　）

2　$\dfrac{1}{3} \times \dfrac{9}{17} + \dfrac{3}{4} \times \dfrac{9}{17} - \dfrac{1}{12} \times \dfrac{9}{17}$　（　　　　）

3　$100 \div 6 + 1.3 \div 0.3 - \boxed{} \div 0.12 = \dfrac{62}{3}$

4　350cm^3 は $\boxed{} \text{m}^3$ です。

5　たて 84m，横 156m の長方形の土地があります。この土地の周りに等間かくで，木を植えます。土地の四すみには必ず木を植えるとき，最も少なくて木は何本必要か求めなさい。（　　　　本）

6　25 階まであるビルでエレベーターに乗りました。1 階から 5 階までは 20 秒かかります。1 階から 25 階までは $\boxed{}$ 秒かかります。ただし，エレベーターは，とちゅうの階には止まらず，いつも同じ速さでのぼります。

7 右の図のように，長さ 16cm の紙テープ 20 枚をのり
でつなぎ，全体の長さを 263cm にします。のりしろをす
べて同じ長さにすると 1 カ所ののりしろの長さは何 cm
ですか。(　　　cm)

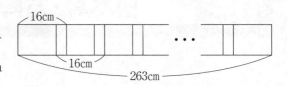

8 図のように，長方形 ABCD を対角線 BD で折り返しま
した。角アの大きさは何度ですか。(　　　度)

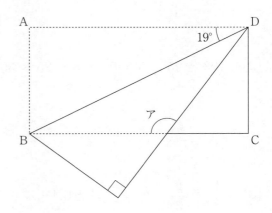

9 図のように，長方形の帯状の紙テープを折ったとき。角 x の大
きさは何度ですか。(　　　度)

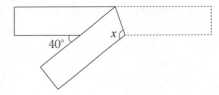

10 右の図はひし形の紙を折り返したものです。角あの大きさは □　　　度
です。

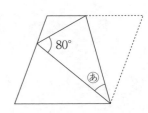

問題に条件がない時は，□ にあてはまる数を答えなさい。

1　$32 - 24 \div (14 - 18 \div 3)$　（　　　）

2　$103 \times 25 - 5 \times 27 \times 5 - 25 \times 36$　（　　　）

3　$\dfrac{1}{2} \div \dfrac{2}{3} - \boxed{} = 0.4$

4　140dL は何 L ですか。（　　　L）

5　まっすぐの道路にそって 6.5m おきに木が 31 本植えてあります。両はしの木はそのままにして，途中の木を 5m おきに植えかえたとき，さらに必要となる木は何本ですか。（　　　本）

6　正方形のタイルをすきまなく並べて大きな正方形をつくると，1 番外側にはタイルが 44 枚ありました。この大きな正方形をつくるのに，全部で何枚のタイルを並べましたか。（　　　枚）

7　同じ大きさのご石を正方形の形にすき間なく並べたあと，外側4列を残して中のご石をすべて取り除いたところ，右の図のようになった。

　並んでいるご石の数が464個であるとき，一番外側に並んでいるご石の数は全部で何個ですか。（　　　個）

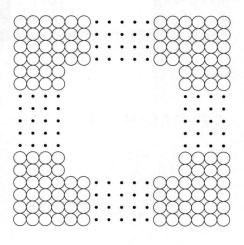

8　右の図は，正方形OABCを頂点Oを中心として，図のように35°だけ回転したものです。このとき，角アの大きさは何度ですか。

（　　　度）

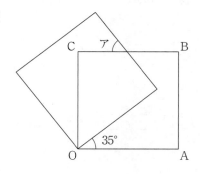

9　2つの正三角形を右の図のように重ねました。㋐の角度は何度ですか。（　　　度）

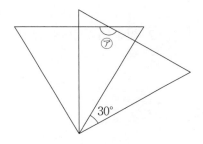

10　右の図で，三角形DBEは，三角形ABCを点Bを中心に回転したものである。

　点Cが辺DE上にあるとき，㋐，㋑の角の大きさをそれぞれ求めなさい。㋐（　　　度）㋑（　　　度）

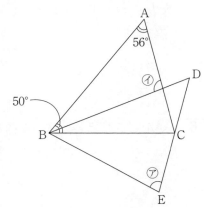

問題に条件がない時は，□□□にあてはまる数を答えなさい。

1　125 − 124 ÷ 31 − 30 ÷ 5　（　　　　）

2　3.14 × 6 ÷ 2 + 3.14 × 14 ÷ 2　（　　　　）

3　(□□□□ × 2 − 8) × $\frac{2}{3}$ = 4

4　2 時間 15 分 28 秒は □□□□ 秒です。

5　ある遊園地は，大人 2 人こども 3 人で入場すると 2700 円，大人 3 人こども 2 人で入場すると 3050 円かかります。大人 1 人，こども 1 人の入場料はそれぞれいくらですか。
　　大人（　　　円）　こども（　　　円）

6　りんご 5 個とみかん 14 個とでは，2220 円です。りんご 3 個の値段はみかん 8 個の値段より 20 円高いそうです。このとき，りんご 1 個の値段は □□□□ 円です。

7　太郎君はみかんを6個買ってかごに入れてもらい，かご代を含めて600円でした。また，花子さんはみかんを9個買って，太郎君と同じ代金のかごに入れてもらうと840円でした。このとき，みかん1個の値段は何円か求めなさい。（　　　　円）

8　右の図の⑥の角の大きさは □□□□ 度です。

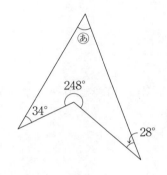

9　右の図において，角⑥の大きさを求めなさい。（　　　度）

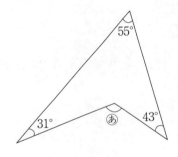

10　右の図について，○印と●印のついた角の大きさを足すと50°です。⑥，⑥の角の大きさはそれぞれ何度ですか。⑥（　　　度）⑥（　　　度）

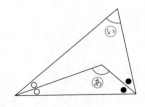

消去算 多角形と角度

点

問題に条件がない時は，□□□にあてはまる数を答えなさい。

1 $1 \div [2 + 1 \div \{2 + 1 \div (2 + 1)\}]$ （　　　）

2 $17 \times 2.9 + 1.7 \times 84 - 170 \times 0.13$ （　　　）

3 $(12 + \boxed{}) \times 5 + 25 = 100$

4 ある年の 7 月 23 日が火曜日のとき，この年の 9 月 5 日は □□□□ 曜日です。

5 りんご 5 個とみかん 10 個で 925 円，りんご 3 個とみかん 15 個で 825 円します。このとき，りんご 1 個の値段は □□□□ 円です。

6 みかんを箱に入れて重さを量ると 750g でした。このみかんを 3 つに分けて，それぞれ先ほどと同じ箱に入れて重さを量ると 350g，300g，200g でした。箱の重さは何 g ですか。（　　　g）

7 1 枚 _____ 円の写真と，その写真より 1 枚あたり 70 円高いポスターを 17 枚ずつ買うと 2890 円になりました。

8 九角形の角の大きさの和は _____ 度です。

9 右の図は正八角形です。⑧の角の大きさを求めなさい。(　　　度)

10 右の図は，1 辺の長さが同じ正六角形と正五角形を重ねたものです。アの角の大きさは何度ですか。(　　　度)

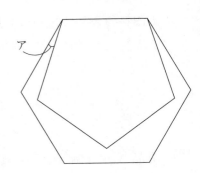

消去算 多角形と角度

問題に条件がない時は，□□□□にあてはまる数を答えなさい。

1　$12 + (45 - 21) \div 6$　（　　　　）

2　$3.51 \times 826 - 35.1 \times 26.4 + 351 \times 1.38$　（　　　　　）

3　□□□□ $\times 8 + 12 = 60$

4　2020 年 3 月 1 日は日曜日です。この日から数えて 7 回目の火曜日は何月何日ですか。

（　　　月　　　日）

5　ある遊園地では，大人 2 人と子ども 2 人の入園料の合計は 4400 円です。大人 1 人と子ども 3 人の入園料の合計は 3800 円です。大人 1 人と子ども 1 人の入園料はそれぞれ何円でしょう。
　　大人（　　　円）　子ども（　　　円）

6　商品 A が 3 個と商品 B が 2 個入った箱の重さは 2.4kg で，商品 A が 2 個と商品 B が 4 個入った箱の重さは 3kg です。箱はどちらも同じもので，中身が空のときの箱の重さは 200g です。このとき，商品 A 1 個の重さは何 g ですか。（　　　　）

7 国語，算数，理科の教科書があります。国語と算数のページ数の合計は 328 ページ，算数と理科のページ数の合計は 322 ページ，国語と理科のページ数の合計は 340 ページです。算数の教科書のページ数は何ページですか。（　　　　ページ）

8 右の図は正六角形です。印のついた角の大きさは何度ですか。（　　　度）

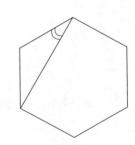

9 アの角の大きさを求めなさい。（　　　度）

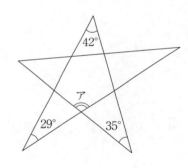

10 右の図において，㋐の角の大きさを求めなさい。（　　　度）

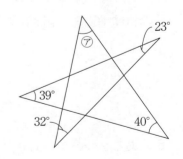

和差算 三角形の面積

点

問題に条件がない時は，□にあてはまる数を答えなさい。

1 $(17 \times 289 - 289) \div 17 - 9 \times 17$ (　　　　)

2 $2017 \times 2 - 201.7 - 201.7 \times 9$ (　　　　)

3 $2 - 3 \div \boxed{} \div 4 = \dfrac{1}{5}$

4 1 L で 11km 走る車は $\boxed{}$ mL で 3300m 走ります。

5 1 から 15 までの数字のカードがあります。この中から 2 枚のカードを引きました。2 枚の数字の和は 16 で，差は 6 でした。この 2 枚の数字の積を求めなさい。(　　　　)

6 ある 2 つの数があり，その和は 2138 で差は 1902 です。このとき，小さい方の数は $\boxed{}$ です。

7 A，B，C の 3 人で合計 500m の道のりを走りました。A の走った道のりは B より 40m 短く，C は B より 60m 長く走りました。B は何 m の道のりを走ったでしょう。（　　　　m）

8 右の図で，影の部分の面積は何 cm² ですか。（　　　　cm²）

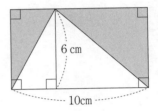

9 右の図の長方形の中にある，影の部分の面積を求めなさい。

（　　　　cm²）

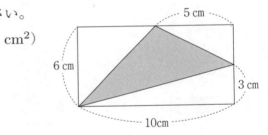

10 右の図は，1 めもりが 1 cm の方眼紙に三角形をかいたものです。三角形の面積を求めなさい。（　　　　cm²）

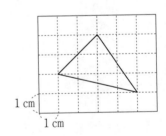

点

問題に条件がない時は，□ にあてはまる数を答えなさい。

1　13 ＋ (49 − 7 × 6) 　(　　　　)

2　2018 × 2 − 201.8 − 201.8 × 9 　(　　　　)

3　2 ＋ (17 ＋ □) ÷ 2 ＝ 12

4　□ kg の 3 割は 1410g です。

5　3 m のひもを 4 つに切って，それぞれ 6 cm ずつ長さがちがうようにします。最も短いひもの長さは何 cm にすればよいですか。(　　　　cm)

6　連続する 5 つの整数をたすと 2020 になりました。5 つの整数の中で最も大きい数はいくらですか。
(　　　　)

7 A さん，B さん，C さんの 3 人の年れいの合計は 43 歳です。A さんは，B さんより 4 歳年上で，B さんは，C さんより 3 歳年上です。A さんの年れいは何歳でしょう。（　　　歳）

8 右の図で h の部分の長さを求めなさい。（　　　cm）

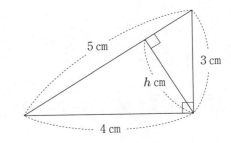

9 右の図のしゃ線部分の面積を求めなさい。（　　　cm^2）

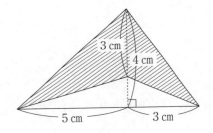

10 右の図は，AB = 6 cm，BC = 10cm の長方形です。斜線部分の面積を求めなさい。（　　　cm^2）

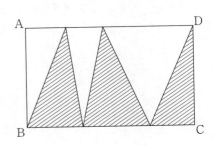

和差算 三角形の面積

点

問題に条件がない時は，□□□□□にあてはまる数を答えなさい。

1 $3 \times 17 + 48 \div 12$ （　　　）

2 $20.18 \times 50 - 2.018 \times 70 - 20.18 \times 43$ （　　　　）

3 $5 + \boxed{} \div \dfrac{1}{3} - 4 = 10$

4 時速 45km で 3 時間 20 分走ると □□□□□ km 進みます。

5 兄がアメを 80 個，弟が 60 個持っています。兄が持っているアメの □□□□□ 割を弟にわたすと，弟の持っているアメの方が 12 個多くなります。

6 A，B，C 3 人の体重を合わせると 105kg です。B は A より 5 kg 軽く，C より 2 kg 重いそうです。3 人の体重はそれぞれ何 kg ですか。A（　　　kg）B（　　　kg）C（　　　kg）

7 長さ 1 m の針金を折りまげて，長方形をつくります。たての長さが横の長さより 32cm 短いとき，この長方形の面積は何 cm² ですか。(　　　cm²)

8 右の図において，かげをつけた部分の面積の合計は □ cm² です。

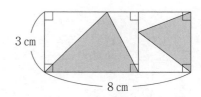

9 右の図の三角形 ABC の面積は何 cm² ですか。(　　　cm²)

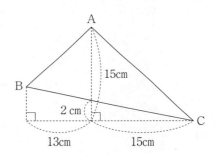

10 右の図で，斜線部分の面積は何 cm² ですか。(　　　cm²)

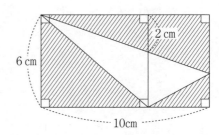

分配算 四角形の面積

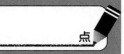

点

問題に条件がない時は，□にあてはまる数を答えなさい。

[1] $288 \div 36 - 6 \div 3$ （　　　　）

[2] $4.68 \times 777 - 46.8 \times 55.5 + 0.468 \times 2220$ （　　　　）

[3] $\left(\dfrac{7}{6} - \dfrac{6}{7} \right) \div \left(\boxed{} + \dfrac{3}{2} \right) = \dfrac{1}{7}$

[4] $\dfrac{3}{4} : \dfrac{5}{6} = \boxed{} : 10$

[5] 兄は弟の 4 倍のお金を持っています。兄が弟より 1200 円多いとき，兄の持っているお金はいくらですか。（　　　円）

[6] 8 m のひもを 2 本に切り分けたら，長いほうのひもの長さは短いほうのひもの長さの 1.5 倍になりました。短いほうのひもの長さは何 cm ですか。（　　　cm）

7　りんごとみかんが合わせて35個あり，みかんの個数がりんごの個数の3倍より3個多いとき，りんごの個数は　　　　　個です。

8　右の図形の □ の部分の面積を求めなさい。（　　　cm²）

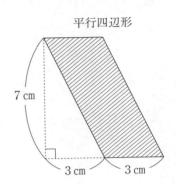

平行四辺形

9　右の図の平行四辺形で，10cm の辺を底辺としたときの高さは　　　　　cm です。

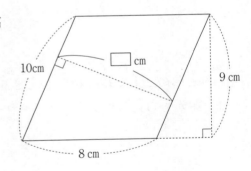

10　右の図の斜線部分の面積を求めなさい。（　　　cm²）

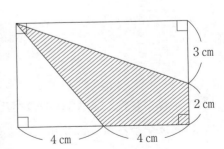

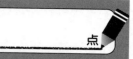

問題に条件がない時は，□ にあてはまる数を答えなさい。

1　$77 + \{98 - (25 - 10) \times 6\} \div 2 \times 6$　（　　　　）

2　$2018 \times 0.125 - 201.8 \times 0.75 + 20.18 \times 15$　（　　　　）

3　$\boxed{} \times 0.7 + 0.4 \times 9 \div 2 = 6$

4　姉と弟の2人で65個のおはじきを分けます。姉と弟の個数の比が3：2になるように分けるとき，姉と弟がもらえるおはじきは，それぞれ何個になりますか。姉（　　　個）弟（　　　個）

5　4800円をA，B，Cの3人で分けるとき，AはBの2.5倍，BはCの2倍になるようにしました。このとき，Cは何円受け取ることになりますか。（　　　円）

6　姉は33本，妹は10本のバラを持っています。姉のバラの本数が，妹のバラの本数の2倍より5本少なくなるようにするには，姉から妹へ何本わたせばよいですか。（　　　本）

7 A，B，C の 3 人に合わせて 100 個の商品を配ります。B には A の $\frac{2}{3}$ 倍配り，C には A の $\frac{1}{2}$

倍より 9 個多くの商品を配ると，C は ☐ 個の商品を受け取ることになります。

8 図の影のついた部分の面積を求めなさい。（ cm^2）

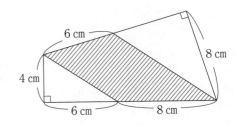

9 図のように平行四辺形の土地に道を作り，残りを花だんにしました。道
の面積が $24m^2$ のとき，花だんの面積は ☐ m^2 です。

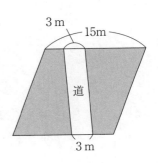

10 右の図のしゃ線部分の面積の合計は ☐ cm^2
です。

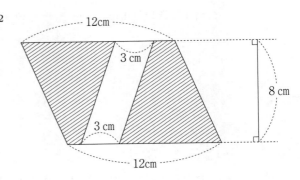

分配算 四角形の面積

点

問題に条件がない時は，□ にあてはまる数を答えなさい。

1　$7 \times 3 - 56 \div 4$ （　　　）

2　$2.6 \times 5.21 - (0.26 \times 20 - 26 \times 0.179)$ （　　　）

3　$\dfrac{1}{2} + \dfrac{1}{7} + \dfrac{1}{\boxed{}} = \dfrac{43}{56}$

4　A君とB君とC君で $2:3:4$ となるように36枚のカードを分けたとき，B君がもらったカードは □ 枚です。

5　500円硬貨，100円硬貨，50円硬貨を合計30枚持っています。100円硬貨は500円硬貨より10枚多く，50円硬貨は100円硬貨より5枚少ないとき，硬貨の合計金額はいくらになりますか。
（　　　円）

6　3つの整数A，B，Cがあります。AをBで割ると商が2であまりが12，BはCのちょうど5倍で，3つの整数の和は700です。Aはいくつですか。（　　　）

7 　A君，B君，C君の3人の所持金の合計は2500円である。B君の所持金はA君の3倍より100円多く，C君の所持金はB君の2倍より500円少ない。B君の所持金を求めなさい。（　　　　円）

8 　右の図で，斜線部分の面積は ☐ cm² です。ただし，ADとBCは平行です。

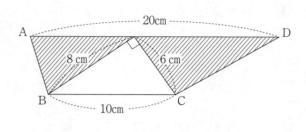

9 　右の図は，1つの長方形を面積が等しい5つの部分に分けたものです。㋐の長さを求めなさい。（　　　cm）

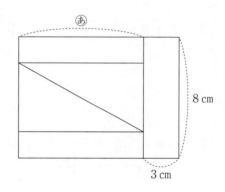

10 　右の図は4つの長方形を組み合わせたものです。色をつけた長方形の面積を求めなさい。（　　　cm²）

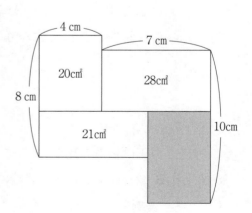

倍数算 直方体の計量

点

問題に条件がない時は，□□□にあてはまる数を答えなさい。

1 $30 + 30 \div 5 \times 6 - 35 \div 7 \times 5$ (   )

2 $11 \times 11 + 22 \times 22 + 33 \times 33 + 44 \times 44$ (   )

3 $7 + 3 \div \boxed{} \times 4 - 3 = 12$

4 小テストを 30 回受けたときの平均点は 60 点でした。最初の 12 回の平均点は 58.5 点でした。残りの 18 回の平均点は □□□□ 点です。

5 はじめに姉と妹の持っていたお金の比は 11：4 でしたが，姉が妹に 70 円渡したので，姉と妹の持っているお金の比は 2：1 になりました。はじめに姉が持っていたお金は □□□□ 円です。

6 赤玉と白玉の個数の比が 3：5 で入っている袋（ふくろ）の中から白玉を 5 個取り出して，代わりに赤玉を 5 個入れると，赤玉と白玉の個数の比が 11：15 になりました。最初に袋に入っていた白玉の個数は □□□□ 個です。

7 A君，B君2人の所持金の比は7：4でしたが，A君がB君に120円あげたので所持金の比は，5：4になりました。A君のはじめの所持金はいくらですか。(円)

8 1辺が3.7cmの立方体の体積は□□□□□cm³である。

9 縦2.2cm，横3.3cm，高さ4.4cmの直方体の表面積は□□□□□cm²である。

10 1辺が12cmの立方体と同じ体積の直方体は，たて6cm，横12cm，高さ□□□□□cmです。

倍数算 直方体の計量

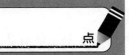

点

問題に条件がない時は，□にあてはまる数を答えなさい。

1   3.3 + 4.44 − 5.555   (   )

2   17 × 93 + 51 × 13 − 34 × 16   (   )

3   12 − (□ − 7) ÷ 4 = 10

4   右の図は，ある中学校に通っている 1 年生について，A 市から D 市の
4 つの市に住んでいる生徒の数の割合を円グラフに表したものです。B
市に住んでいる生徒の数が C 市に住んでいる生徒の数より 81 人多いと
き，この中学校の 1 年生の生徒数は□人です。

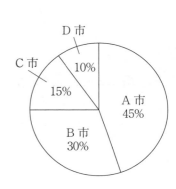

5   A さんと B さんの持っているお金の比は 5：3 です。2 人とも父親から 300 円ずつもらったので，
お金の比は 3：2 になりました。はじめに A さんが持っていたお金はいくらか求めなさい。

(円)

6   ペンが 136 本，えんぴつが 127 本あります。何人かの子どもにそれぞれ 5 本ずつ配ると，残りの
ペンとえんぴつの本数の比は 7：4 になりました。子どもの人数は何人ですか。(人)

7 たてと横の長さの比が4:7の長方形の花だんがあります。この花だんのたてと横の長さをそれぞれ0.6mだけ長くすると，たてと横の長さの比は2:3になります。もとの花だんの面積は⬚ m² です。

8 縦20cm，横30cm，高さ10cmの直方体の体積は⬚ m³ です。

9 内のりの1辺が0.6mの立方体の形をした水そういっぱいに水を入れると，入れた水の容積は何Lですか。（　　　L）

10 たて5cm，横2cm，高さ6cmの直方体の体積は⬚ cm³ で，表面積は⬚ cm² です。

倍数算 直方体の計量

点

問題に条件がない時は，□ にあてはまる数を答えなさい。

1 $5.78 \div 6.8$ （　　　）

2 $52 \times 23 - 25 \times 13 + 39 \times 21$ （　　　）

3 $8 - (3 - \boxed{}) \div \dfrac{3}{8} = 1\dfrac{1}{3}$

4 A ＊ B は A ＋ 20 × B － 19 と計算することにします。このとき，20 ＊ 19 ＝ □ となります。

5 姉と妹の所持金の比は 7：3 であった。姉が 240 円使ったところ，姉と妹の所持金の比は 2：1 になった。妹の所持金は，□ 円である。

6 兄と弟の持っていたお金の比は 5：3 でした。兄が 200 円使ったので，兄と弟の持っているお金の比は 8：5 になりました。弟は何円持っていますか。（　　　円）

7　姉と弟の所持金の比は 8：5 でしたが，弟がお母さんから 750 円もらったので，2 人の所持金が同じになりました。姉の所持金は何円ですか。(　　　　円)

8　右の立体は直方体を組み合わせたものです。この立体の体積を求めなさい。(　　　　cm³)

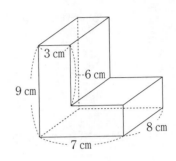

9　右の図のような直方体から，色のついた直方体を取り除いた後の立体の表面積は何 cm² になりますか。(　　　　cm²)

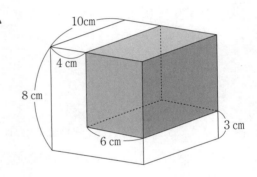

10　図は，直方体の一部を各面と平行に取り除いた立体です。表面積と体積を求めなさい。

表面積(　　　　cm²)　体積(　　　　cm³)

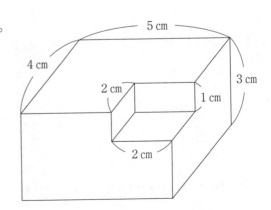

年齢算 円の面積

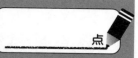

点

問題に条件がない時は，□にあてはまる数を答えなさい。

1　$(1.375 \times 0.4 - 0.875 \times 0.6) \div 2 \times 2.5$　（　　　　）

2　$13 \times 26 + 26 \times 39 + 39 \times 52 + 65 \times 78 - 52 \times 65$　（　　　　）

3　$0.375 \div 0.125 \times 0.25 \div 0.6 \times$ □ $= 5$

4　りんごが36個，なしが54個あります。これらを余りが出ないように，できるだけ多くの生徒に同じ個数ずつ配ります。1人分のりんごとなしの個数はそれぞれ何個になりますか。
　　りんご（　　　個）　なし（　　　個）

5　姉は妹より4才年上で，11年前は姉の年令は妹の年令の3倍であった。現在の姉の年令は□才である。

6　現在，私は22才で母は46才ですが，ちょうど□年前は母の年齢が私の年齢の4倍でした。

7 現在，父は39才，兄は8才，妹は4才です。父の年れいが，子ども2人の年れいの和の2倍になるのは，□□□□年後です。

8 右の図形は，円と正方形を組み合わせたものです。かげをつけた部分の面積は□□□□cm² です。ただし，円周率は3.14とします。

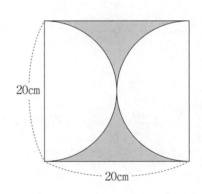

9 図のような図形のぬりつぶした部分の面積は何 cm² ですか。ただし，円周率は3.14とします。（　　　cm²）

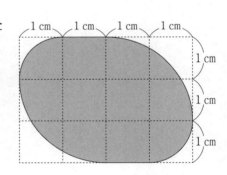

10 右の図は，1辺が4cmの正方形から半円を切り取った図形です。この図形のまわりの長さは何 cm ですか。ただし，円周率は3.14とします。（　　　cm）

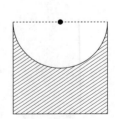

年齢算 円の面積

問題に条件がない時は，□ にあてはまる数を答えなさい。

1 $323 \div 1.7 + 1.7 \div 0.05$ （　　　）

2 $22 \times 460 + 330 \times 72 - 4400 \times 5.2$ （　　　）

3 $30 \div \dfrac{1}{3} - 11 \div \boxed{} = 68$

4 2019 にもっとも近い 7 の倍数は □ です。

5 現在，ななこさんは 2 才で，ななこさんの父は 36 才です。父の年齢がななこさんの年齢の 3 倍になるのは今から何年後ですか。（　　　年後）

6 今，お父さんと私の年齢の和は 53 才です。今から 4 年前には，私の年齢はお父さんの年齢の $\dfrac{1}{4}$ でした。私の年齢がお父さんの年齢の $\dfrac{1}{2}$ になるのは，今から何年後ですか。（　　　年後）

7 現在の母の年れいは子どもの年れいの5倍です。3年後には，母の年れいは子どもの年れいの4倍になります。現在，子どもは何才ですか。(　　　　才)

8 右の図の四角形 ABCD は正方形です。斜線部分の面積は何 cm² ですか。ただし，円周率は 3.14 とします。(　　　　cm²)

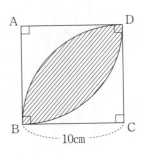

9 右の図のように半円と円を重ねました。かげをつけた部分の面積は ▢ cm² です。ただし，円周率は 3.14 とします。

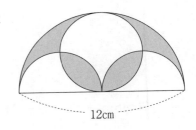

10 右の図は半円と4分の1円を組み合わせた図です。斜線部分の図形の周の長さを求めなさい。ただし，円周率は 3.14 とします。(　　　　cm)

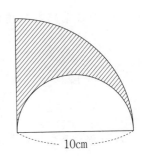

問題に条件がない時は, $\boxed{}$ にあてはまる数を答えなさい。

1   $850 \times 0.125 - 6.5 \times 12.5 + 20 \times 2.5$ (   )

2   $2.02 \times 2.91 + 1.01 \times 2.18$ (   )

3   $\dfrac{8}{3} \div (4 + \boxed{} \div 2) = \dfrac{1}{2}$

4   $700mm + 20.9m - 31cm = \boxed{} cm$

5   現在, 父と息子の年れいを合計すると 40 才です。今から 16 年後には, 父の年れいが息子の年れいの 3 倍になります。このとき, 父の現在の年れいは $\boxed{}$ 才です。

6   今, ゆうき君とお兄さんの年れいの和は 28 才で, 今から 7 年後に, ゆうき君とお兄さんの年れいの比は 3：4 になります。今, ゆうき君の年れいは何才ですか。(才)

7 きょうこさんの父と母の年れいの和は84さいで，父が母よりも6さい年上です。きょうこさん

の兄はきょうこさんより3さい年上で，父の$\frac{1}{3}$の年れいです。きょうこさんは何さいですか。

（　　　さい）

8 右の図のように，大きい円の中に半円が2つあります。かげをつけた部分
の面積を求めなさい。ただし，円周率は3.14とします。（　　　cm²）

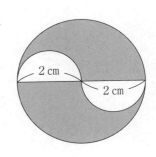

9 右の図は，正方形とおうぎ形を組み合わせたものです。色をつけた部分の面
積は　　　　cm² です。ただし，円周率は3.14とします。

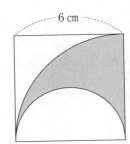

10 右の図は，半径5cmの円を2つ並べたものです。図の太線の長さ
を求めなさい。ただし，円周率は3.14とします。（　　　cm）

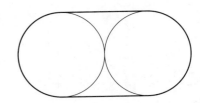

問題に条件がない時は，□ にあてはまる数を答えなさい。

1 $2.5 \times (1.7 - 0.54)$ （　　　　）

2 $12 \times 3.14 + 60 \times 0.314 - 16 \times 1.57$ （　　　　）

3 $48 \div \left(9 - \boxed{} \times \dfrac{1}{2}\right) = 12$

4 $1.5\text{kg} - 422\text{g} + 840000\text{mg} = \boxed{}\text{g}$

5 A さんは持っていたお金の $\dfrac{4}{7}$ を使ってケーキを買いました。残ったお金は，はじめに持っていたお金の半分よりも 60 円少なくなりました。ケーキの値段は何円ですか。（　　　円）

6 ひできくんの学年では男子の人数は 90 人で，これは学年全体の $\dfrac{3}{7}$ です。女子の人数は $\boxed{}$ 人です。

7 1冊の本があります。1日目に全体の $\frac{3}{8}$ を読み，2日目に残りの $\frac{3}{5}$ を読み，3日目に2日目の

残りの $\frac{1}{2}$ を読むと，55ページ残りました。この本のページ数は ☐ ページです。

8 右の三角柱の体積は何 cm³ ですか。（　　 cm³）

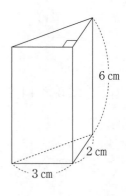

6 cm

2 cm

3 cm

9 図のような，四角形 AEFB が平行四辺形である四角柱
の体積を求めなさい。（　　 cm³）

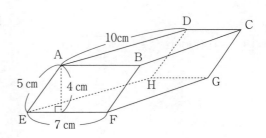

10 右の三角柱の表面積は何 cm² ですか。（　　 cm²）

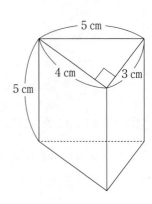

5 cm

4 cm   3 cm

5 cm

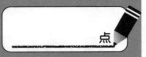
問題に条件がない時は，□□□□にあてはまる数を答えなさい。

1 $6 \times 3.5 - (5.3 + 2.9) \div 4.1$ （　　　）

2 $1.23 \times 14 + 2.46 \times 16 + 3.69 \times 18$ （　　　）

3 $64 \div 4 - 5 \times \boxed{} = 1$

4 $10000 \text{cm}^2 = \boxed{} \text{m}^2$

5 床にボールを落とすと，落ちた高さの $\dfrac{2}{3}$ だけ跳ね上がります。この床に，ある高さからボール を落とすと，3回目に跳ね上がった高さが40cmでした。最初に，ボールを落とした高さは何cmで したか。（　　　cm）

6 夏休みにA君は，ある本を毎日 $\boxed{}$ ページずつ読みます。初めの9日間で全体の $\dfrac{4}{11}$ を読 み，さらに14日間読み続けたところ，14ページ残りました。

7 あるときのT中学校の1年生の生徒数は，女子が全体の $\frac{3}{5}$ より40人少なく，男子は全体の $\frac{3}{7}$ より23人多く在籍していました。女子生徒の人数は _____ 人です。

8 図のような，体積が60cm³ の三角柱があります。この三角柱の高さは何 cm ですか。（　　　cm）

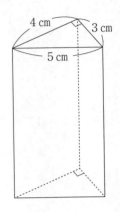

9 右の四角柱の体積は _____ cm³ である。

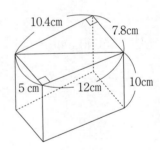

10 右の角柱の体積は何 cm³ ですか。（　　　cm³）

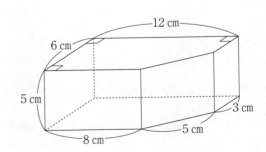

相当算 柱体の計量

点

問題に条件がない時は，□ にあてはまる数を答えなさい。

1 $\dfrac{1}{2} - \dfrac{1}{4} + \dfrac{1}{5} - \dfrac{1}{6}$ （　　　）

2 $13 \times 17 + 13 \times 19 + 21 \times 36 - 34 \times 26$ （　　　　）

3 $3 \times (\boxed{} - 1) - 22 = 59$

4 $8560000\mathrm{cm}^2$ は $\boxed{}$ a である。

5 コップに $\dfrac{3}{4}$ だけジュースを入れて重さを量ると 400g でした。次にコップを空にしてから，コップの $\dfrac{1}{3}$ だけジュースを入れて重さを量ると 250g でした。コップの重さは何 g ですか。（　　　g）

6 A君は今月のおこづかいの 85 ％を使って，本を 1 冊とペンを 1 本買いました。ペンは 1 本 400 円で，これは使ったお金の $\dfrac{5}{17}$ にあたります。A君の今月のおこづかいは $\boxed{}$ 円です。

7 Aさんのクラスでは，ペットを飼っている人の割合は30％です。さらに，ペットを飼っている人のうち，犬を飼っている人の割合は75％で，その人数は9人でした。Aさんのクラスは全部で何人ですか。（　　　人）

8 右の，円柱を半分に切った立体の体積を求めなさい。円周率は3.14として計算しなさい。（　　　cm³）

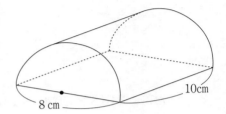

9 右の図のような円柱の表面積を求めなさい。ただし，円周率は3.14とします。（　　　cm²）

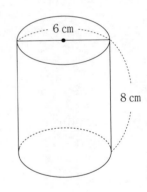

10 図のように，底面が直径20cmの円柱から直径16cmの円柱を取りのぞいた立体があります。この立体の体積は何cm³でしょう。ただし，円周率は3.14とします。（　　　cm³）

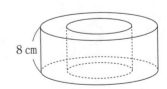

問題に条件がない時は，□□□にあてはまる数を答えなさい。

1　$\dfrac{2}{3} - \dfrac{3}{5} + \dfrac{1}{6}$　（　　　　）

2　$2021 \times 3.018 - 2020 \times 2.018 + 2021 \times 365 - 2020 \times 366$　（　　　　）

3　$\{3.4 - (1.7 - \boxed{})\} \div 1.2 = 2.5$

4　$0.034\text{m}^3 = \boxed{}\text{cm}^3$

5　ある品物を 3600 円で売り，原価の 2 割 5 分の利益がありました。この品物の原価は $\boxed{}$ 円です。消費税は考えないものとします。

6　原価 1200 円の品物に 15 ％の利益を見こんでつけた定価を求めなさい。（　　　　円）

[7] 2000 円で仕入れた品物に 3 割の利益を見込んで定価をつけましたが，売れなかったので定価の10 ％引きで売りました。利益は何円でしょう。（　　　　円）

[8] 図のような正方形 ABCD があります。点 E を AE：ED = 3：1 となるようにとり，三角形 ABE の面積が 96cm² のとき，三角形 CDE の面積は何 cm² ですか。（　　　　cm²）

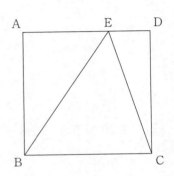

[9] 図のような三角形 ABC があり，AD：DB = 4：3，AE：EC = 3：5 です。三角形 ADE と三角形 ABC の面積の比を最も簡単な整数の比で表しなさい。（　　：　　）

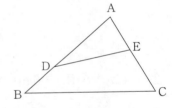

[10] 図の三角形 APQ の面積が三角形 ABC の面積の半分であるとき，AQ の長さは □ cm である。ただし，AP = 5 cm，PB = 2 cm，AC = 10cm とする。

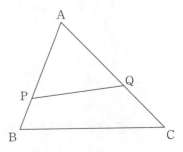

損益算 図形と比

点

問題に条件がない時は，□ にあてはまる数を答えなさい。

1 $\dfrac{1}{3} - \dfrac{1}{4} + \dfrac{1}{6}$ （　　　）

2 $7.29 \times 5.8 - 2.8 \times 7.29 - 3.97$ （　　　）

3 $(7 + \boxed{} \div 3) \div 2 = 7$

4 $4\,\text{L} - 5\,\text{dL} - 6\,\text{mL} = \boxed{}\,\text{mL}$

5 ある商品を1個72円で何個か仕入れました。これらを1個108円で売ったところ，15個が売れ
残りましたが，2880円の利益がありました。仕入れた商品の個数は □ 個です。

6 原価1700円の商品があります。この商品を定価の1割5分引きで売ると，原価の2割の利益が
ありました。定価はいくらでしたか。（　　　円）

7　ある商品を仕入れ値の 25 ％の利益を見込んで定価をつけました。しかし売れなかったので，定価の 1 割引きで売って 200 円の利益が出ました。この商品の仕入れ値はいくらですか。(　　　円)

8　図のかげをつけた部分の面積は何 cm² でしょう。

（　　　cm²）

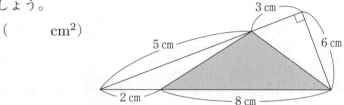

9　次の □ にあてはまる最も適当なものを㋐〜㋒から 1 つ選び，記号で答えなさい。

　右の図のような平行四辺形の中にある色の付いた三角形の面積は，平行四辺形の面積の □ 倍です。

㋐ $\dfrac{1}{3}$　　㋑ $\dfrac{1}{4}$　　㋒ $\dfrac{1}{5}$　　㋓ $\dfrac{1}{6}$

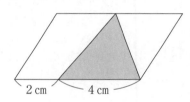

10　右の図の四角形 ABCD は平行四辺形で，AE：EB ＝ 3：1 です。このとき，アとイの部分の面積の比は何対何ですか。

（　　：　　）

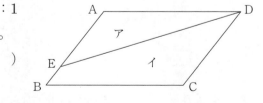

問題に条件がない時は，□□□にあてはまる数を答えなさい。

1　　$6\frac{6}{77} + 5\frac{5}{77} + 4\frac{4}{77} + 3\frac{3}{77} + 2\frac{2}{77} + 1\frac{1}{77}$　（　　　）

2　　$1 \times 0.125 + 2 \times 0.25 + 3 \times 0.375 + 4 \times 0.5 + 5 \times 0.625 + 6 \times 0.75 + 7 \times 0.875$　（　　　）

3　　$32 - 2 \times (5 + \boxed{}) = 8$

4　　3 日 7 時間 5 分 − 1 日 9 時間 45 分 = □□□ 日 □□□ 時間 □□□ 分

5　　ある商品を仕入れて 3 割の利益を見込んだ値段をつけて売り出しました。売れ行きが悪いので 30 円値引きしましたが，まだ売れないのでこの値段からさらに 16 ％引きにして，630 円で売ったところ全て売れました。この商品の仕入れ値はいくらですか。（　　　円）

6　　ある店で，昨日 1 個 800 円で売っていた商品を，今日は 2 割引きにして売り出したところ，昨日より 50 個多く売れて □□□ 個売れたので，売り上げは 13600 円多くなりました。

7 仕入れ値の 30 ％の利益を見こんで定価をつけた商品が売れなかったので，定価の 2 割引きで売ることにしました。仕入れ値は 7500 円でした。割引きして売ったとき，利益は何円になりますか。
（　　　　円）

8 右の図のように正方形の各辺を 3 等分した点を結び，内側に正方形を作ります。内側にできた正方形の面積が 18cm² であったとき，外側の正方形の面積を答えなさい。（　　　cm²）

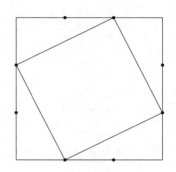

9 1 辺の長さが 10cm の正方形の紙を対角線で半分に折って三角形をつくり，さらに，半分に折ったものが下の図の三角形 ABC です。辺 AB の真ん中の点を D，辺 AC の真ん中の点を E とするとき，D と E を結ぶ直線をはさみで切り，あの部分とⒾの部分に分けました。Ⓘの方を広げてできる図形の面積は何 cm² ですか。（　　　cm²）

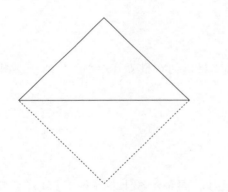
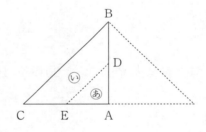

10 右の図のような三角形 ABC があります。点 D は辺 AC のまん中の点で，辺 BC を 4 等分した点を B に近い方から順に E，F，G とします。このとき，四角形 ABED の面積は三角形 ABC の面積の何倍になりますか。（　　　倍）

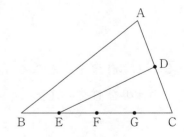

仕事算 相似と長さ

点

問題に条件がない時は，□□□にあてはまる数を答えなさい。

1 $2\dfrac{2}{3} \div 4\dfrac{4}{15} \times 1\dfrac{3}{5}$ （　　　）

2 $40.9 \times 4.35 - 81.8 \times 0.67 + 19.7 \times 9.03$ （　　　）

3 $2.2 \div \left(2 \times \boxed{} - \dfrac{4}{9}\right) = 0.99$

4 2019 年 1 月 1 日は火曜日です。2018 年 10 月 1 日は何曜日でしたか。（　　　曜日）

5 A さんがすると 6 時間かかり，B さんがすると 3 時間かかる仕事があります。この仕事を 2 人ですると何時間かかりますか。（　　　時間）

6 ある仕事をするのに，A さん 1 人では 15 日間，A さんと B さん 2 人では 6 日間かかります。この仕事を B さん 1 人ですると，何日間かかるでしょう。（　　　日間）

[7] あるバケツにじゃ口から水を入れます。じゃ口 A だけを使うと 24 秒でいっぱいになりますが，A と B の 2 つのじゃ口を使うと 18 秒でいっぱいになります。じゃ口 B だけを使うと □ 秒でいっぱいになります。

[8] A さんは，太陽の光でできる影（かげ）の長さを利用して，木の高さを求めることにしました。図のように，長さ 1 m の棒の影の長さが 1.2m のとき，木の影の長さは 9 m でした。この木の高さを求めなさい。（　　　m）

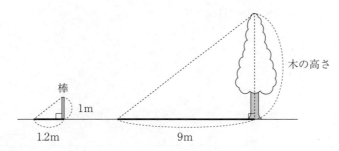

棒　1m　1.2m　9m　木の高さ

[9] まっすぐ立てた 2 m の棒の影の長さを測ったら，3.5m であった。このとき，高さ 3.7m の電柱の影の長さは □ cm □ mm である。

[10] 右の図の三角形と形が同じで周りの長さが 12cm の三角形をつくると，3 辺のうち最も短い辺は □ cm である。

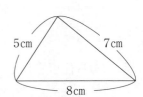

5cm　7cm　8cm

仕事算 相似と長さ

点

問題に条件がない時は，□□□□にあてはまる数を答えなさい。

1 $\dfrac{3}{7} \div \dfrac{12}{5} \times 3\dfrac{4}{15}$ （   ）

2 $6.28 \times 12 + 942 \times 0.15 + 18.1 \times 31.4$ （   ）

3 $\dfrac{3}{4} \div \boxed{} - \dfrac{6}{7} \times \dfrac{5}{8} = \dfrac{3}{7}$

4 今日，2018年1月13日は土曜日です。2年後の2020年1月13日は何曜日ですか。（   ）

5 8人ですると15日間で完成する仕事があります。はじめの4日間は10人で仕事をしました。残りの仕事を5日間で完成させるには，あと何人増やせばよいですか。（   人）

6 ある仕事を仕上げるのに，A君1人では18時間，B君1人では15時間，C君1人では10時間かかります。この仕事をA君，B君，C君の3人ですると，仕上げるのに何時間何分かかりますか。

（   時間   分）

7　A，B，Cの3人ですると15日かかる仕事を，BとCの2人ですると18日かかります。この仕事をAだけですると何日かかりますか。（　　　日）

8　右の図の四角形ABCDは，たて6cm，横18cmの長方形です。AEの長さが8cmのとき，AFの長さを求めなさい。（　　　cm）

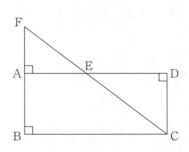

9　辺AB，辺BCの長さがそれぞれ6cm，8cmの平行四辺形ABCDがあります。右の図のように，辺BAを延長した直線の上にAEの長さが4cmとなるように点Eをとり，ECとADが交わる点をFとします。このとき，FDの長さは何cmですか。（　　　cm）

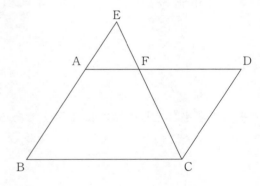

10　図の三角形ABCで角Aは直角，辺ABの長さは24cm，辺ACの長さは15cmです。さらにADの長さが6cm，AEの長さが10cmで，DFは辺ACと平行とします。DFの長さを求めなさい。

（　　　cm）

仕事算 相似と長さ

点

問題に条件がない時は，□□□□ にあてはまる数を答えなさい。

1 $\left(2\dfrac{1}{3} - 1\dfrac{3}{5}\right) \div 2\dfrac{1}{5}$ （　　　）

2 $1025 \times 49 - 2019 \times 18.5 - 15.5 \times 37$ （　　　）

3 $(155 + 88) \div \boxed{} \times 14 = 81$

4 ある液体 1 L の重さは 1.5kg である。この液体 400cm³ の重さは $\boxed{}$ g である。

5 ある貯水池を満水にするのに，パイプ A だけでは 45 時間，パイプ B だけでは 36 時間かかります。A と B の両方を使うと何時間で満水になりますか。（　　　時間）

6 ある仕事を仕上げるのに，りつ子さん 1 人だと 20 日，まもる君 1 人だと 15 日かかります。この仕事を 2 人で始めましたが，途中でりつ子さんが 1 日休んだので，仕上げるのに $\boxed{}$ 日かかりました。

7 ある水そうをいっぱいにするのに，A 管だけで水を入れると 15 分かかり，B 管だけで水を入れると [＿＿＿＿＿] 分かかるので，A 管と B 管の両方で水を入れると 6 分かかります。

8 図のように直角三角形 ABC の中に同じ大きさの正方形が 3 つ入っています。辺 BC の長さは何 cm ですか。(　　　　cm)

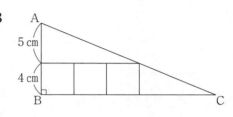

9 右の図の長方形 ABCD の辺 BC 上に点 E をとります。BE の長さは [＿＿＿＿＿] cm です。

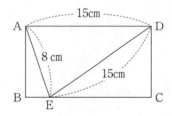

10 右の図において，EF の長さは何 cm ですか。(　　　　cm)

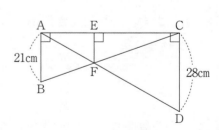

ニュートン算 相似と面積

点

問題に条件がない時は，□にあてはまる数を答えなさい。

1 $\dfrac{1}{3} \times 2\dfrac{3}{5} - \left(1\dfrac{2}{5} + \dfrac{7}{15}\right) \div 2\dfrac{4}{5}$ （　　　）

2 $\dfrac{1}{4} \times 3.14 + 15.7 \times \left(\dfrac{1}{4} + \dfrac{2}{5}\right) + 21.98 \times \left(\dfrac{9}{7} - \dfrac{1}{2}\right)$ （　　　）

3 $\left(\dfrac{5}{3} \div \boxed{} - \dfrac{9}{4}\right) \times 2.4 = 5$

4 6200 円の 30 ％は □ 円の 2 割です。

5 遊園地で入場を始めるとき，すでに 1200 人の行列ができていました。さらに，1 分間に 60 人の割合で人がやってきます。入り口は 3 か所あり，入場を始めてから行列がなくなるまでに 5 分間かかります。入り口 1 か所あたり，1 分間に何人入場できますか。（　　　人）

6 ある牧草地に 6 頭の牛をはなすと 18 日で草を食べつくします。また 8 頭の牛をはなすと 12 日で草を食べつくします。このとき 14 頭の牛をはなすと何日で草を食べつくしますか。ただし，草は毎日一定の割合で生え，牛 1 頭が 1 日に食べる草の量は一定とします。（　　　日）

7 あるコンサートで前売券を発売しはじめたとき，売り場の窓口にはすでに，900人が並んで待っていました。さらに，毎分15人の割合でこの並んでいる行列に人が加わっています。窓口が1か所のときには30分で行列がなくなります。同じ条件で窓口だけを2か所にすると何分で行列はなくなるかを答えなさい。（　　　分）

8 円の半径を ［　　　　］ 倍にすれば，面積は16倍になります。

9 右の図で，三角形イは三角形アの $\frac{1}{2}$ の縮図，三角形ウは三角形アの2倍の拡大図です。三角形ウが三角形アより240cm² 大きいとき，三角形イの面積は何 cm² ですか。（　　　cm²）

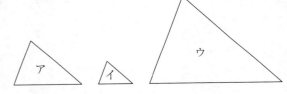

10 右の図で，図1の長方形の面積は図2の正三角形の面積の ［　　　　］ 倍です。

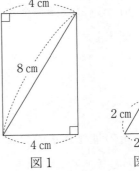

図1　　　図2

問題に条件がない時は，□にあてはまる数を答えなさい。

1 $\left\{ \dfrac{1}{7} + \left(2 - \dfrac{2}{3} \right) \times \dfrac{3}{2} \right\} - \left(\dfrac{7}{5} \div 3\dfrac{4}{15} \right)$ （   ）

2 $31.41 \times \left(\dfrac{3}{2} + \dfrac{5}{4} - \dfrac{7}{6} \right) - 3.141 \div \left(\dfrac{4}{7} - \dfrac{2}{5} \right)$ （   ）

3 $\left(\boxed{} - 60 \times \dfrac{1}{3} \right) \div 2 \times 40 = 100$

4 3000m の道のりを，行きは分速 150m，帰りは分速 600m で往復したときにかかる時間は □分で，平均の速さは分速□ m です。

5 A くんは□円貯金を持っています。毎月決まった金額をもらいますが，1000 円ずつ使うと，20 か月後には貯金が 500 円になります。また，900 円ずつ使うと，30 か月後にちょうど貯金がなくなります。

6 一定の量だけ水のたまっている 泉（いずみ）があります。この泉は水をくみ出すと，毎分同じ割合（わりあい）で水がわき出します。この泉をからにするには，ポンプ 5 台を使えば 12 分，ポンプ 8 台を使えば 6 分かかります。この泉をからにするには，最低何台のポンプが必要ですか。（   台）

7 水族園の前に 140 人の行列ができていて，毎分 [＿＿＿＿] 人ずつ増えていきます。窓口 1 つで入場させると 35 分で行列がなくなり，窓口 2 つで入場させると 5 分で行列がなくなります。

8 右の図の直角三角形において，影をつけた部分の面積を求めなさい。ただし，同じ印をつけた部分の長さはそれぞれ等しいです。

（　　　　cm²）

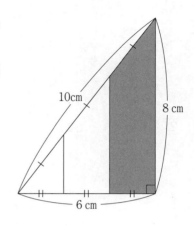

9 1 辺の長さが 10cm である正方形 ABCD の辺 AD のまん中の点を E とし，BD と CE が交わる点を F とします。三角形 DEF の面積は [＿＿＿＿] cm² です。

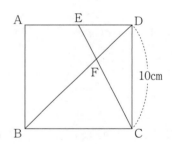

10 右の図は，2 つの同じ直角三角形を一部分だけ重ねたものです。斜線部分の面積は何 cm² ですか。（　　　　cm²）

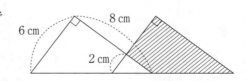

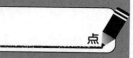

問題に条件がない時は，□□□にあてはまる数を答えなさい。

1 $\dfrac{3}{11} + \dfrac{8}{9} \div \left(\dfrac{4}{7} - \dfrac{2}{5} + \dfrac{2}{3} \right)$ （　　　）

2 $9 \times 25 - 225 \times \dfrac{2}{3} + 675 \times 0.5 - 22.5$ （　　　）

3 $80 \times \left(\boxed{} - \dfrac{5}{2} \right) - 11 = 29$

4 $(100 + \boxed{}) : 35 = 16 : 5$

5 遊園地の入口に開園前から 550 人の行列ができています。開園後は，毎分 10 人の人がこの行列に加わっていきます。入場口を 3 か所にすると，50 分で行列がなくなりました。1 か所の入場口から 1 分間に入場できる人数を求めなさい。（　　　人）

6 一定の割合で水が流入し続け，水があふれている水そうと 6 台の同じポンプがあります。この水そうから 4 台のポンプで水をくみ出すと 24 時間で水そうは空になり，6 台のポンプでくみ出すと 8 時間で水そうは空になります。5 台のポンプで水をくみ出すと，何時間で水そうは空になりますか。

（　　　時間）

7　ある牧場で生えている草は，牛を31頭放牧すると12日間でなくなり，18頭を放牧すると25日間でなくなります。この牧場の草が4日間でなくなるのは，何頭の牛を放牧したときですか。ただし，草は毎日一定の割合で生えるものとします。また，どの牛も1日で食べる草の量は同じであるものとします。（　　　頭）

8　右の図の，かげをつけた部分の面積は　　　　　cm² です。

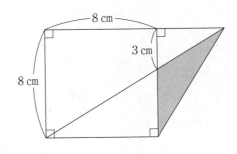

9　右の図の三角形 ABC の面積は何 cm² ですか。（　　　cm²）

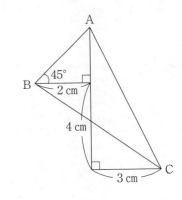

10　図のように，同じ形で同じ大きさの直角三角形が重なっています。このとき，斜線部分の面積を求めなさい。（　　　cm²）

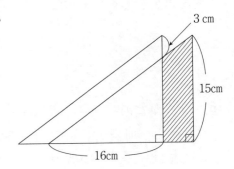

問題に条件がない時は，□□□にあてはまる数を答えなさい。

1 $2020 - \left(4 \times 15 + \dfrac{5}{7} \times 21\right) \div \dfrac{5}{4}$ （   ）

2 $(92 + 9) \times 9 - (93 + 8) \times 8 + (94 + 7) \times 7 + (95 + 6) \times 6 + (96 + 5) \times 5 + (97 + 4) \times 4 -$
   $(98 + 3) \times 3$ （   ）

3 $1\dfrac{4}{5} \div \boxed{} + 2\dfrac{1}{7} \times 1.4 = 5$

4 A の体重は □□□□ kg で，B の体重は A の体重の 20 ％だけ重く，48kg です。

5 春子さんは，1 本 120 円のボールペンと 1 本 170 円のシャープペンシルを合わせて 30 本買いました。しかし，店の人がボールペンとシャープペンシルの本数を逆に計算していたことに気づき，200 円を返金してくれました。春子さんはボールペンを何本買いましたか。（   本）

6 えん筆と消しゴムが同じ数ずつあります。えん筆 5 本と消しゴム 2 個をあわせて 1 つの袋に入れていくと，何袋かできて，えん筆はちょうどなくなり，消しゴムは 24 個残りました。最初にあったえん筆は □□□□ 本です。

7 清さんは 1 個 300 円のケーキをいくつか買うために，おつりの出ないようにお金を持って買い物に行きました。しかし，2 割引きだったので，もともと買う予定だった個数より 4 個多く買い，おつりを 120 円もらいました。清さんが持っていったお金はいくらですか。(円)

8 図のような，たて 2 m，横 4 m の長方形の小屋があり，点 A でロープにつながれている犬がいます。この小屋の外側で犬が自由に動けるとき，ロープの長さが 4 m のとき，犬が自由に動ける範囲の面積は何 m² ですか。ただし，円周率は 3.14 とします。(m²)

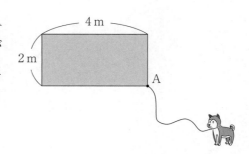

9 ある牧場で 1 辺が 2 m の正方形の柱に牛が 6 m のロープで，右の図のようにつながれています。柱の内側には入れないものとすると，牛が牧草を食べることができる面積は □ m² です。ただし，円周率は 3.14 とします。

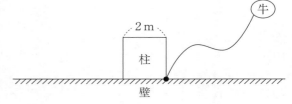

10 図のように，一辺の長さが 3 m の正三角形の柵に，長さ 4 m のロープで牛がつながれています。ロープの結び目は辺 AB 上の点 A から 1 m の点で固定されているとして，牛が自由に動くことができる範囲を求め，小数第 2 位で四捨五入しなさい。ただし，牛の大きさは考えず，牛は正三角形の柵の中には入れないものとします。(m²)

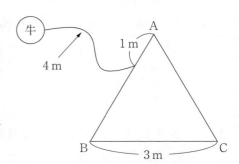

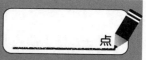

点

問題に条件がない時は，□ にあてはまる数を答えなさい。

1　$2\dfrac{1}{3} - \left(\dfrac{5}{6} - \dfrac{1}{2}\right) \times \dfrac{2}{5}$　（　　　）

2　$(2017 + 20.17) \div 2.017$　（　　　）

3　$25 - (\boxed{} + 23) \times \dfrac{1}{2} = 10.5$

4　$A : B = \dfrac{1}{3} : \dfrac{2}{5}$，$B : C = \dfrac{1}{2} : \dfrac{3}{4}$ のとき，$A : B : C = \boxed{ア} : \boxed{イ} : \boxed{ウ}$

5　1個70円のキャラメルと1個90円のチョコレートを合わせて52個買いました。キャラメル代は，チョコレート代よりも440円多くかかりました。キャラメルを何個買いましたか。（　　　個）

6　機械Aは1分間で6個，機械Bは1分間で8個のおもちゃを組み立てることができます。このおもちゃを同じ個数組み立てるのに，AがBより15分長くかかったとき，1つの機械で組み立てたおもちゃの数は何個ですか。（　　　個）

7 えん筆を1人に5本ずつ配ると12本残り，8本ずつ配ると9本足りません。えん筆は ☐ 本
あります。

8 右の図の1辺の長さが12cmの正方形 ABCD の辺上を，点 P は毎秒3cm
の速さで，頂点 A から B，C，D，A，……と回り，点 Q は毎秒5cmの速さ
で，頂点 A から D，C，B，A，……と回ります。2点 P，Q が同時に頂点 A
を出発し，最初に出会う地点を E とします。次に点 E で出会うのは，頂点 A
を出発してから何秒後ですか。(　　　秒後)

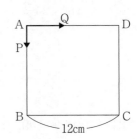

9 図のような直角三角形 ABC があります。点 P は辺上を毎秒1cmの
速さで C → B と進み，点 Q は辺上を毎秒2cmの速さで C → A → B
と進みます。点 P と点 Q が同時に出発するとき，出発して3秒後の三
角形 CPQ の面積は何 cm^2 ですか。(　　　cm^2)

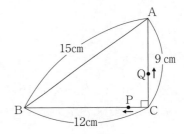

10 右の図のような長方形 ABCD があります。点 P は毎秒1cmの
速さで A から D まで，点 Q は毎秒3cmの速さで B から C まで，
それぞれ同時に動き始めます。四角形 ABQP の面積が160cm^2 と
なるのは出発してから何秒後か答えなさい。(　　　秒後)

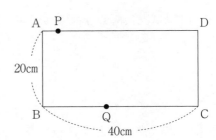

問題に条件がない時は，□□□□にあてはまる数を答えなさい。

[1] $\left(\dfrac{1}{18} - \dfrac{1}{24}\right) \times 9$ （　　　　）

[2] $1001 + 1003 + 1005 + 1007 + 1009 + 1011 + 1013 + 1015 + 1017 + 1019$ （　　　　）

[3] $72 \div (\boxed{} - 9 \times 3) = 18$

[4] 男子 24 人，女子 16 人のクラスで国語のテストをしました。クラス全体の平均点は 63 点で，女子の平均点は 69 点でした。男子の平均点は何点ですか。（　　　点）

[5] ある小学校の 6 年生全員が長いすに座っていくとき，1 脚に 5 人ずつ掛けていくと 10 人が座れなくなります。また，1 脚に 6 人ずつ掛けていくと使わない長いすが 2 脚できます。長いすの数は何脚以上何脚以下ですか。（　　　脚以上　　　脚以下）

[6] 何人かの子どもに色紙を配ります。1 人に 7 枚ずつ配ると 34 枚あまるので，1 人に 9 枚ずつ配りましたがまだ 8 枚あまりました。色紙は何枚ありますか。（　　　枚）

7　子どもたちが長いすに座ります。1脚（きゃく）の長いすに3人ずつ座ると，8人が座れません。そこで，1脚の長いすに4人ずつ座ると，2人だけ座った長いすが1脚でき，1人も座っていない長いすが5脚残りました。このとき，長いすは全部で [(ア)　　　　　　] 脚あり，子どもは [(イ)　　　　　　] 人います。

8　右の図のように，長さ16cmの糸の端（はし）を，1辺の長さが4cmの正方形の点Aに固定してあります。この糸をたるまないように，左回りに正方形に巻（ま）きつけます。糸の端Bの動いたあとの長さは何cmですか。
　　円周率は3.14として計算しなさい。（　　　　　cm）

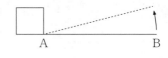

9　右の図1の台形ABCDの周上を，点EはAからBまで動きます。図2のグラフは，三角形CEDの面積が辺AEの長さによって変化する様子を表したグラフです。辺BCの長さを求めなさい。（　　　　cm）

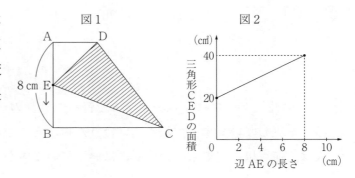

10　図1のような長方形ABCDがあり，点Pは頂点Aを出発し，一定の速さでB，C，Dの順に辺上を移動します。図2のグラフは点Pが点Aを出発してからの時間と，三角形APDの面積の関係を表しています。このとき，点Pの移動する速さは秒速何cmですか。（秒速　　　cm）

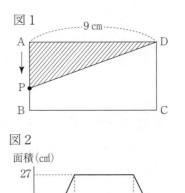

つるかめ算　平面図形の移動

点

問題に条件がない時は，□にあてはまる数を答えなさい。

1 $\frac{5}{8} \div 3\frac{3}{4} + \frac{5}{26} \times 4\frac{1}{3}$ （　　　）

2 $17 + 21 + 25 + 29 + 33 + 37 + 41 + 44$ （　　　）

3 $(1 + \boxed{} \div 2.4) \times 16 = 26$

4 右の柱状グラフは，あるクラスで行った算数のテストの結果を表しています。点数の高いほうから数えて 10 番目の人は，何点以上何点未満の区間にはいっていますか。

（　　　点以上　　　点未満）

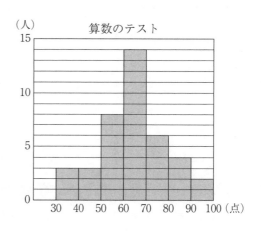

5 ある農家ではニワトリとブタを飼っている。頭の数は合計 50，足の数は合計 152 である。この農家ではブタを □ 頭飼っている。

6 5円硬貨と 10 円硬貨があわせて 42 枚あり，その合計金額は 300 円です。このとき，10 円硬貨は □ 枚あります。

7 A 地点から B 地点まで 1 分間に 60m の速さで歩き, その後, B 地点から C 地点までは 1 分間に 80m の速さで歩くと, A 地点から C 地点までちょうど 1 時間かかりました。A 地点から C 地点までの道のりが 4km であるとき, A 地点から B 地点までの道のりは何 km でしょう。(　　　　km)

8 右の図は, AB = 4cm, BC = 3cm, AC = 5cm の 長方形 ABCD が直線上をすべらずに転がって 1 回転したことを表している。このとき, 点 A が描く線の長さは □ cm である。ただし, 円周率は 3.14 とする。

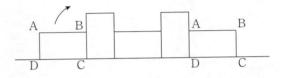

9 右の図で, 1 辺の長さが 6cm の正三角形をすべらないように 1 回転させます。点 A が動いたあとの線の長さは何 cm ですか。ただし, 円周率は 3.14 とします。

(　　　　cm)

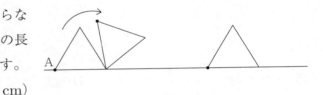

10 右の図のように, おうぎ形 OAB の辺 OA が直線の上にあります。このおうぎ形を, 直線上すべることなく辺 OB が直線の上にくるまで転がすとき, おうぎ形が通った部分の面積を求めなさい。ただし, 円周率は 3.14 とします。(　　　　cm²)

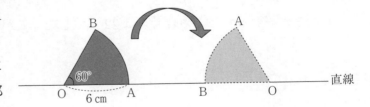

問題に条件がない時は、$\boxed{}$ にあてはまる数を答えなさい。

1　$\left(12 \div 15 + 1\dfrac{3}{4}\right) \times 3\dfrac{1}{3} - 8 \times \dfrac{5}{6}$　（　　　　）

2　$18 + 21 + 24 + 27 + 30 + 33 + 36 + 39 + 42$　（　　　　）

3　$37 \times 19 + \boxed{} \div 7 = 800$

4　$A * B = \dfrac{A - B}{A + B}$ とします。例えば、$3 * 2 = \dfrac{3 - 2}{3 + 2} = \dfrac{1}{5}$ です。

　このとき、$(8 * 3) - (7 * 5) = \boxed{}$ です。

5　コイン投げゲームを 10 回します。コインの表が出ると 10 点もらえ、裏が出ると 3 点引かれます。10 回投げ終わったときの合計点は 22 点でした。表が出たのは $\boxed{}$ 回です。

6　1 枚のコインをくり返し投げるゲームをします。最初の点数を 10 点とし、表が出たら 2 点を加点、裏が出たら 1 点を減点します。10 回コインを投げたところで点数が 18 点となりました。このときの表が出た回数は $\boxed{}$ 回です。

7　AとBの2人があめ玉を12個ずつ持っています。じゃんけんをしてAが勝つとBから3個もらい，負けるとBに3個あげるというゲームをしました。じゃんけんを7回して，Aは　　　　　回勝ったので，Aのあめ玉は9個になりました。（あいこは回数に数えません）

8　図のように直角三角形ABCを点Bを中心に回転させます。このとき，90°回転させたとき，辺ACが通った部分の面積は何cm²ですか。ただし，円周率は3.14とします。（　　　　cm²）

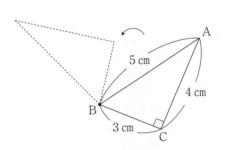

9　右の図は，半径10cmの半円を，点Aを中心として反時計まわりに45°回転させてできた図形です。かげをつけた部分の面積は何cm²でしょう。ただし，円周率は3.14とします。（　　　　cm²）

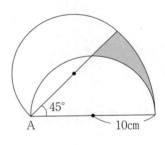

10　右の図のように，半径3cmの2つの円A，Bが接している。これら2つの円の周りを，半径3cmの円Oがすべることなく転がって，もとの位置まで1周するとき，円Oの中心が動いてできる線の長さは　　　　　cmです。ただし，円周率は3.14とします。

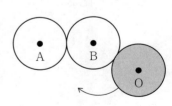

問題に条件がない時は，□にあてはまる数を答えなさい。

1 $1\dfrac{3}{25} \times \left(1\dfrac{3}{4} - \dfrac{1}{2} \times 2\dfrac{2}{3}\right)$ （　　　　）

2 $9 + 11 + 13 + 15 + 17 + 19 + 21 + 23 + 25$ （　　　　）

3 $14 \times \left(\dfrac{7}{10} - \boxed{}\right) + \dfrac{1}{5} = 5$

4 191 を割ると 11 あまり，115 を割ると 7 あまる数のうちで，最も大きい数は □ です。

5 イベントの参加者に配るために，おかしを 500 個用意しました。参加した 207 人のうち，□ 人が小学生で，残りは中学生でした。そこで，小学生には 3 個ずつ，中学生には 2 個ずつ配ることで，ちょうど配ることができました。

6 1 個 250 円のケーキと 1 個 180 円のシュークリームをあわせて 12 個買って 100 円の箱に入れてもらったら代金は 2820 円でした。このとき，買ったケーキは □ 個です。

7 1冊100円，120円，160円のノートを合わせて29冊買い，3620円を支払いました。このとき120円と160円のノートの買った冊数は同じでした。100円のノートは □□□□ 冊買ったことになります。

8 図のように，円が長方形の周囲をすべらないように回転して1周します。このとき，円が通過する部分の面積を求めなさい。ただし，円周率は3.14とします。（   cm²）

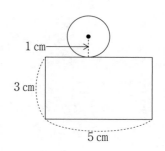

1 cm
3 cm
5 cm

9 半径3cmの円が右の図のような1辺の長さが18cmの正三角形の辺にそって，すべることなく転がって1周します。このとき，円の中心が動いてできる線の長さを求めなさい。ただし，円周率は3.14とします。（   cm）

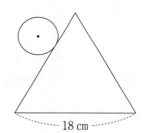

18 cm

10 長方形の辺の内側にそって，半径2cmの円が離れずに内部を1周して，元の位置に戻りました。長方形の内側で，この円が通らなかった部分の面積は何cm²か求めなさい。ただし，円周率は3.14とします。（   cm²）

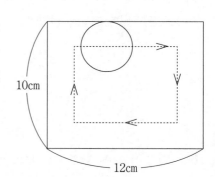

10cm
12cm

旅人算 すい体の計量

点

問題に条件がない時は, ☐ にあてはまる数を答えなさい。

1 $\dfrac{4}{3} \times \dfrac{9}{2} + \dfrac{12}{5} \div \dfrac{4}{5} - \dfrac{14}{9} \div \dfrac{2}{3}$ (   )

2 $13 - 2 + 26 - 4 + 39 - 6 + 52 - 8 + 65 - 10 + 78 - 12 + 91 - 14$ (   )

3 $78 \times \boxed{} - 39 \times 63 = 39 \times 37$

4 5で割ると3余り, 6で割ると4余る3けたの整数のうち, もっとも大きい数を求めなさい。

(   )

5 兄が分速60mの速さで家から駅へ向かって歩いて行きます。兄の出発から5分後に弟は分速80mの速さで兄を追いかけました。弟が出発してから何分後に兄に追いつくか答えなさい。

(分後)

6 同じ所からAさんは北に向かって時速5km, Bさんは南へ向かって時速3kmで同時に出発すると, ☐ 時間後に2人の間の距離は36kmになります。

7 1周900mの池のまわりを，AさんとBさんがそれぞれ一定の速さで歩きます。同時に同じ場所を出発して，反対の方向に回ると6分後に，はじめて出会い，同じ方向に回ると30分後に，AさんがBさんにはじめて追いつきます。

AさんとBさんの歩く速さは，それぞれ分速何mですか。

（Aさんは分速　　　m）（Bさんは分速　　　m）

8 右の図の四角すいの体積は □ cm³ です。

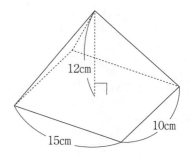

9 右の図は1辺が12cmの正方形で，ある三角すいの展開図です。点E，点Fはそれぞれ辺AB，辺ADの真ん中の点です。この三角すいの体積は何cm³ですか。（　　　cm³）

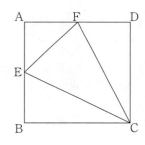

10 立体㋐は各面の対角線（例えばAB）の長さが2cmの立方体，立体㋑は4つの面がすべて1辺の長さが2cmの正三角形である三角すい，立体㋒は底面が1辺の長さが2cmの正方形で，4つの側面がすべて1辺の長さが2cmの正三角形である四角すいです。立体㋑の体積，立体㋒の体積は，立体㋐の体積のそれぞれ何倍ですか。㋑(　　　倍)　㋒(　　　倍)

㋐　　　　　　　㋑　　　　　　　㋒

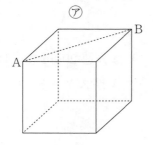

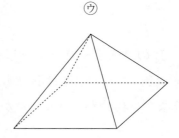

旅人算 すい体の計量

点

問題に条件がない時は，□□□□にあてはまる数を答えなさい。

① $2.7 - \dfrac{5}{3} + \dfrac{5}{14}$ （　　　）

② $1.2345 + 2.3451 + 3.4512 + 4.5123 + 5.1234 - 9.9999$ （　　　）

③ $6 - (2 \times \boxed{} - 1) \div 3 = 3$

④ $0.75\text{km} + 25\text{m} - 8300\text{cm} = \boxed{}\text{m}$

⑤ A地点からB地点まで2400mあります。太郎君は分速70mの速さでA地点からB地点へ，次郎君は分速80mの速さでB地点からA地点に向かって同時に出発しました。このとき，2人は $\boxed{}$ 分後に出会います。

⑥ A，Bの2人がマラソンをしました。2人は同時にスタートし，Aは分速200mで，Bは分速150mで走ったので，AはBより4分早くゴールしました。このとき，Aがスタートしてからゴールするまでに何分かかりましたか。（　　　分）

7　兄と弟が同時に家を出て公園に行きました。兄は分速 75m，弟は分速 60m で歩いたら，兄が公園に着いてから 2 分 30 秒後に弟が公園に着きました。家から公園までの道のりは何 m ですか。

（　　　　　m）

8　図のような円すいがあります。このとき，次の問いに答えなさい。ただし，円周率は 3.14 として計算しなさい。
(1)　体積は何 cm³ ですか。（　　　　cm³）
(2)　表面積は何 cm² ですか。（　　　　cm²）

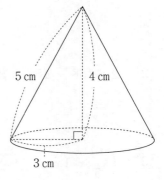

9　下図のような円すいとその展開図があります。この円すいの底面の半径は ⬚ cm です。ただし，円周率は 3.14 として計算しなさい。

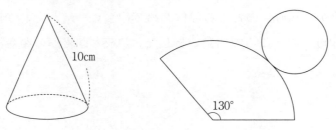

10　右の図のように，母線の長さが 30cm の円すいを平面上で転がしたら，円すいの底面がちょうど 3 回転したとき初めてもとの位置にもどりました。このとき，円すいの表面積は ⬚ cm² です。ただし，円周率は 3.14 とします。

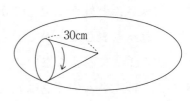

旅人算 すい体の計量

点

問題に条件がない時は，□□□にあてはまる数を答えなさい。

1 $2\frac{2}{7} \times 1\frac{2}{5} \times 0.25$ （　　　　）

2 $2 \times (68 + 153 \times 3 - 187 \times 2) \div 34$ （　　　　）

3 $\left(\frac{16}{5} \div 1.8 + \boxed{}\right) \div 2\frac{2}{7} = 1$

4 $0.57t + 38kg + 9400g = \boxed{}kg$

5 兄は学校を，弟は図書館を同時に出発して，それぞれ一定の速さで，学校と図書館の間を往復します。2人は，図書館から600mのところではじめて出会い，それぞれが図書館，学校で折り返した後，再び学校から300mのところで出会いました。学校と図書館の距離は何mですか。

（　　　　m）

6 叡太さんは12:00に家から1800m離れた図書館に向けて出発し，12:15に到着しました。叡太さんの妹は12:00に図書館から家に向けて出発し，12:10に到着しました。図2は，叡太さんと妹が出発してからの時間と家からの距離の関係をそれぞれ表したものです。2人は同じ道を進んだとするとき，次の①②に答えなさい。

① 叡太さんの速さは分速何mですか。（分速　　　m）
② 叡太さんと妹がすれ違ったのは，何時何分ですか。

（　　時　　分）

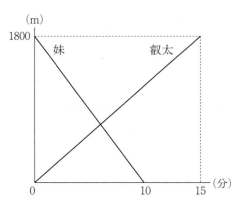

[7]　太郎君は A 地点から出発し分速160m で，次郎君は B 地点から出発し分速200m で，AB 間を休むことなく往復します。2 人が同時に出発するとき，2 回目にすれ違うのは出発してから 15 分後です。太郎君は A 地点を出発してから B 地点に着くまで何分何秒かかりますか。（　　分　　秒）

[8]　図のように，円すいの一部を切ってできた立体があります。この立体の体積は何 cm³ ですか。ただし，円周率は 3.14 とします。（　　　cm³）

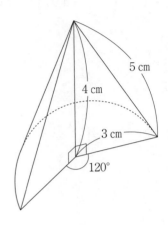

[9]　底面の半径の比が 2 : 3，高さが等しい 2 つの円すい A，B があります。円すい A，B の体積の比を求めなさい。（　　:　　）

[10]　右の図のような三角すいがあります。側面の三角形 ABD と三角形 ACD は AD の長さが 6 cm の直角三角形で，底面の三角形 BCD は BC = DC の直角二等辺三角形です。また，四角形 EFGH は底面に垂直で，FG と BC は平行になっていて，HG の長さは 2 cm です。さらに，GD の長さは 8 cm です。このとき，三角すい ABCD の体積を求めなさい。（　　　cm³）

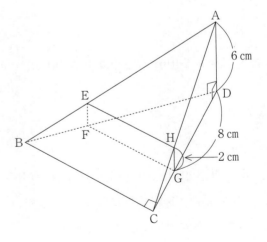

問題に条件がない時は，□□□にあてはまる数を答えなさい。

1 $\left(2\dfrac{1}{3} - 0.6\right) \times \left(0.5 - \dfrac{1}{14}\right) \div \left(3.5 - \dfrac{5}{7}\right)$ （ 　　 ）

2 $2 \times \left(\dfrac{2}{5} + \dfrac{3}{7} + \dfrac{1}{9}\right) + 4 \times \left(\dfrac{3}{7} + \dfrac{1}{9} + \dfrac{2}{11}\right) + 6 \times \left(\dfrac{2}{9} + \dfrac{1}{11} + \dfrac{3}{5}\right) + 8 \times \left(\dfrac{1}{11} + \dfrac{2}{5} + \dfrac{3}{7}\right)$

（ 　　 ）

3 $2018 - \boxed{} \div 2 \times 4 = 20 \times 18$

4 $3000\text{cm}^3 + 0.02\text{m}^3 = \boxed{}\ \text{cm}^3$

5 長さ 240m の電車が時速 90km で走ると，480m の橋を渡りきるのに $\boxed{}$ 秒かかります。

6 長さ 180m の列車が 1500m のトンネルに完全に入っている時間は 1 分 6 秒でした。この列車が 3000m のトンネルに完全に入っている時間は $\boxed{}$ 分 $\boxed{}$ 秒です。ただし，列車は常に同じ速さで走っているものとします。

7 時速 80km で走る，長さ 360m の列車は，ふみきりで立っている人の前を通り過ぎるのに □ 秒かかります。

8 右の図のような長方形 ABCD を，辺 AB を軸として 1 回転させたときにできる立体の表面積を求めなさい。ただし，円周率は 3.14 とします。

（　　　　cm²）

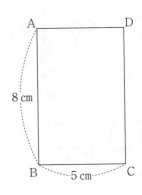

9 図のように，ぬりつぶした図形を，直線 ℓ のまわりに 1 回転してできる立体の体積は何 cm³ ですか。ただし，円周率は 3.14 とします。

（　　　　cm³）

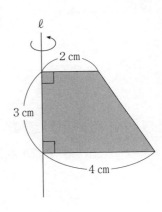

10 直角三角形 ABC を，AB をふくむ直線 ℓ のまわりを 1 回転させてできる立体を考えます。この立体の体積は何 cm³ ですか。ただし，円周率は 3.14 とします。

（　　　　cm³）

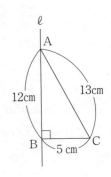

通過算 回転体

点

問題に条件がない時は, □ にあてはまる数を答えなさい。

1 $1.25 \div \left\{ 1.2 \times \left(0.5 + \dfrac{1}{3} \right) + \dfrac{3}{7} \right\}$ （　　　）

2 $(199 - 141) \times 59 + (141 - 59) \times 49 + (59 - 49) \times 141$ （　　　）

3 $\boxed{} \div 18 \times \dfrac{1}{6} + 0.2 = \dfrac{1}{4}$

4 A君が受けた算数のテストの4回目までの平均点は73点でした。5回目に □ 点をとったので, 平均点が75点になりました。

5 時速72kmで進んでいる電車が, 長さ500mの鉄橋を渡り始めてから渡り終わるのに32秒かかりました。電車の長さは何mですか。（　　　m）

6 長さ110mの列車が秒速16mで走っています。この列車が長さ □ mの鉄橋をわたり始めてからわたり終わるまでに37秒かかります。

7 長さ 228m の快速電車が時速 125km で走っています。この快速電車が，前を走っている長さ 133m の普通電車に追いついてから追いこすまでに 38 秒かかりました。普通電車の速さは時速何 km ですか。（時速　　　km）

8 右の図の三角形 ABC を，直線 ℓ を軸として 1 回転させたときにできる立体の 体積を求めなさい。ただし，円周率は 3.14 として計算しなさい。（　　　cm^3）

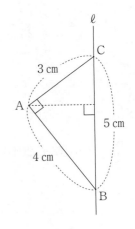

9 図のような図形を，ℓ を軸に 1 回転させたときにできる立体の表面積を求めな さい。ただし，円周率は 3.14 とします。（　　　cm^2）

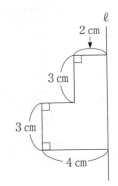

10 右の図のような，正方形と長方形を 1 つずつくっつけた図形を，直線⑦ のまわりに 1 回転させてできる立体の体積は　　　　cm^3 です。 ただし，円周率は 3.14 とします。

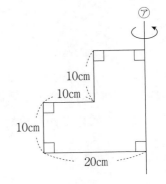

通過算 回転体

点

問題に条件がない時は，□にあてはまる数を答えなさい。

☐1　$\left(2\dfrac{1}{3} - \dfrac{12}{25} \times 1.25\right) \times \dfrac{5}{8} - \dfrac{5}{6}$　（　　　　）

☐2　$(2015 + 2016 + 2017 + 2018 + 2019 + 2020 + 2021) \div 2018$　（　　　　）

☐3　$4 \times (6 \times \boxed{} - 5) - 3 = 25$

☐4　1 分間に 1000cm³ ずつ水を入れると，1 時間に □ m³ の水が入ります。

☐5　秒速 31m で走る長さ 200m の列車 A と，秒速 24m で走る長さ □ m の列車 B がすれちがいました。A と B が出会ってからすれちがい終わるまでに 8 秒かかりました。

☐6　電車が 1600m の鉄橋をわたり始めてからわたり終えるまで 1 分 40 秒かかり，800m のトンネルに入り始めてから出終えるまでに 1 分かかりました。この電車の速さは時速何 km ですか。

（時速　　　km）

7 時速 ____ km で走る電車が，時速 72km で走る長さ 90m の電車を追い越すのに 45 秒かかり，すれ違うのに 5 秒かかります。

8 かげをつけた長方形を直線のまわりに 1 回転してできる立体の体積は何 cm^3 でしょう。ただし，円周率は 3.14 とします。(cm^3)

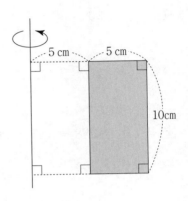

9 右図のような五角形を，直線 AB を軸として 1 回転してできる立体の表面の面積は ア____ . イ____ cm^2 です。ただし，円周率は 3.14 とします。

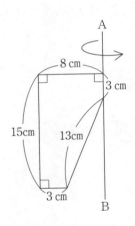

10 右の図のような AB = 3 cm，BC = 4 cm の直角三角形を ℓ を軸に 1 回転したときにできる立体の体積を求めなさい。ただし，円周率は 3.14 とします。(cm^3)

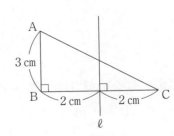

流水算 空間図形の切断

問題に条件がない時は，□ にあてはまる数を答えなさい。

1 $20 - 20 \div 32 + 7.24 - 17 \div \dfrac{8}{9}$ （   ）

2 $148 \times 268 - 185 \times 201$ （   ）

3 $(2.5 + \boxed{}) \times \dfrac{2}{15} - 1.6 = 8.4$

4 20ℓ は $\boxed{}$ m^3 です。

5 ある川の上流に A 地点，下流に B 地点があり，太郎君がボートに乗って A と B の間を往復すると 1 時間かかります。ボートの静水時の速さが時速 4km，川の流れの速さが時速 1km のとき，AB 間の距離は $\boxed{}$ km となります。

6 ある船が川の上流 A 地点と下流 B 地点の間の 42km を往復します。A から B までは 3 時間かかり，B から A までは 7 時間かかりました。川の流れの速さと，静水での船の速さはそれぞれ毎時何 km ですか。川の流れ（毎時   km）　船（毎時   km）

7 静水での速さが時速12kmの船が，ある川を18km上るのに2時間かかりました。同じところを下るとき，何時間何分かかりますか。（　　時間　　分）

8 右の立体は直方体をななめに切り取ったものです。体積を求めなさい。
（　　cm³）

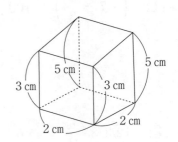

9 右の図のように，底面の半径が5cmの円柱を，平面でななめに切った立体があります。この立体の体積は□cm³です。ただし，円周率は3.14とします。

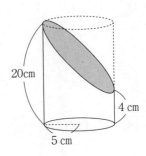

10 図のように，1辺の長さが3cmの立方体の4つの頂点A，B，C，Dを結んでできる立体の体積を答えなさい。（　　cm³）

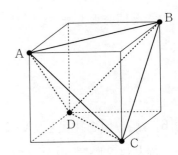

点

問題に条件がない時は，□ にあてはまる数を答えなさい。

1 $\left(1.7 - \dfrac{5}{3}\right) \times 100 - 0.3$ （　　　）

2 $12.3 \times \dfrac{7}{41} + 45.6 \times \dfrac{5}{152} + 78.9 \times \dfrac{3}{263}$ （　　　）

3 $7 \times \boxed{} - 1.5 \div \dfrac{5}{8} = 2\dfrac{14}{15}$ （　　　）

4 10000 秒 ＝ ①□ 時間 ②□ 分 ③□ 秒

5 動く歩道の上を端から端まで分速 60m で歩くと 30 秒かかり，分速 80m で歩くと 24 秒かかりました。この動く歩道の上を分速 40m で歩くと何秒かかりますか。ただし，歩く方向は歩道が動く向きと同じとします。（　　　秒）

6 船が川を往復しています。60km はなれている A 地点と B 地点を往復するのに，行きは 2 時間，帰りは 2 時間 30 分かかりました。流れのないときの船の速さは時速何 km ですか。ただし，船の速さと川の速さは一定であるとします。（時速　　　km）

7　右のグラフは，静水時に一定の速さで進む船が，川の A 地点と B 地点の間を往復したときのようすを表したものです。川の流れは毎時 [＿＿＿＿] km です。

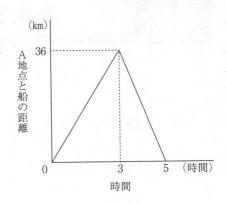

8　右の図のように，1 辺の長さが 6 cm の立方体で，M は辺 BC のまん中の点，N は辺 CD のまん中の点とする。4 点 F，H，N，M を通る平面でこの立方体を切り分けたとき，頂点 C をふくむ方の立体の体積は何 cm³ ですか。ただし，三角すいの体積は（底面積）×（高さ）÷ 3 です。（　　　　cm³）

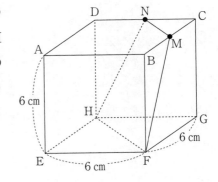

9　右の図のように，底面積が 30cm² で高さが 15cm の直方体を，点 A，B，C，D をすべて通るような面で切断してできる立体アの体積は，もとの直方体の体積の何倍になりますか。あとの①〜④の中から選び，記号で答えなさい。（　　　）

①　$\dfrac{2}{5}$ 倍　②　$\dfrac{4}{5}$ 倍　③　$\dfrac{4}{15}$ 倍　④　$\dfrac{8}{15}$ 倍

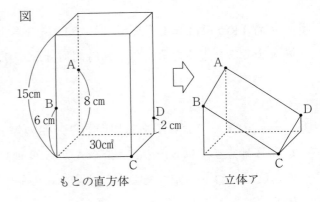

もとの直方体　　　　立体ア

10　右の図のような 1 辺の長さが 4 cm の立方体 ABCDEFGH があります。CI：IB = CJ：JD = 1：3 で，点 K は辺 FG の真ん中の点です。この立方体を 3 点 I，J，K を通る平面で切るとき，頂点 A を含む立体の体積を求めなさい。（　　　　cm³）

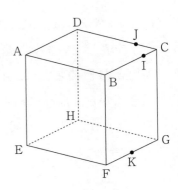

流水算 空間図形の切断

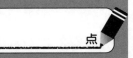

点

問題に条件がない時は，□にあてはまる数を答えなさい。

1 $\left(\dfrac{3}{2} \div 0.25 + \dfrac{9}{16}\right) \times \left(1 - \dfrac{5}{21}\right)$ （　　　）

2 0.999×2020 （　　　）

3 $20 - \boxed{} \div 2 \times 5 = 6 \times 1.25$

4 今日は，5月13日です。100日後は，□月□日です。

5 毎時1kmで流れる川をボートで4kmこぎ上るのに2時間かかった人が，その半分の力でもとの場所までこぎ下るためには，何時間何分かかりますか。（　　時間　　分）

6 一定の速さで流れるある川があり，船の停泊場(はく)が上流のA地点と下流のB地点にあります。AからB地点までは8kmで，船でAからB地点まで行くと2時間，帰りは4時間かかりました。船の速度はいつも一定であるとします。この船で，流れのない水の上をまっすぐに進むと，3時間で何km進みますか。（　　　km）

7 右のグラフは，川にそったA町とB町を往復する船のようすを表しています。船の速さと川の流れの速さは一定です。A町とB町のちょうど中間にあるC村では，船が行きに通り過ぎてから，帰りに通り過ぎるまでにかかる時間はどれだけでしょうか。（　　時間　　分）

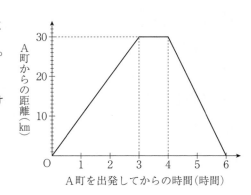

A町からの距離（km）

A町を出発してからの時間（時間）

8　1辺の長さが6cmの立方体を，ある平面で切り取った残りの立体を真正面から見た図が A，真上から見た図が B，真横から見た図が C です。この立体の体積は □□□□ cm³，表面積は □□□□ cm² です。

ただし，三角すいの体積は（底面積）×（高さ）× $\frac{1}{3}$ です。

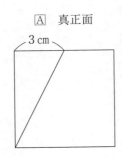
A　真正面
3 cm

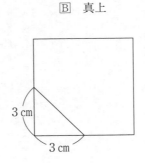
B　真上
3 cm
3 cm

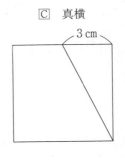
C　真横
3 cm

9　右の図は，一辺の長さが4cmの立方体の展開図です。点M，Nは各辺の真ん中の点です。この立方体を組み立て，3点A，M，Nを通る平面で切って2つの立体に分けます。切り口の図形は何角形ですか。（　　　　角形）

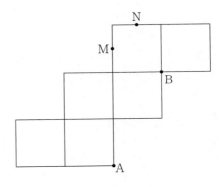

10　右の図は，直角三角形 ABC，DEF を底面とする三角柱で，AB = 4 cm，BC = 6 cm，BE = 8 cm です。辺 AC，BC，AD，BE の真ん中の点をそれぞれ P，Q，R，S として，この三角柱を4点 P，Q，R，S を通る平面で切断したとき，点 D を含む方の立体の体積は □□□□ cm³ です。

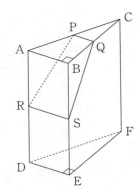

点

問題に条件がない時は，□にあてはまる数を答えなさい。

1　$6\frac{1}{4} - 4 \times \left(0.8 - \frac{1}{5}\right)$　（　　　）

2　$2019 \times 2021 - 2018 \times 2020$　（　　　）

3　$\left(\boxed{} + \frac{2}{5}\right) \times 1.5 - \frac{3}{4} = 4.35$

4　2018年1月13日は土曜日です。2018年4月7日は□曜日です。

5　時計の長針は1時間で360度動きます。1分では何度動きますか。（　　　度）

6　時計の秒針は20秒間で何度動きますか。（　　　度）

7 下の時計の角アと角イの大きさを求めなさい。①(　　　度) ②(　　　度)

① 5時

② 6時45分

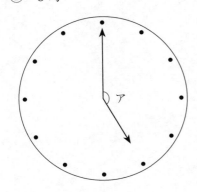 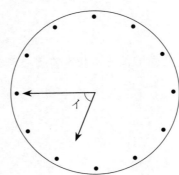

8 右の図の立方体の展開図は，下のア〜エのどれですか。(　　　)

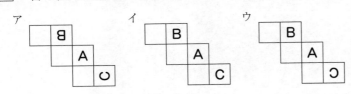

9 右の図を組み立てて立方体をつくるとき，Aの点と重なる点は　　　　である。(複数あるときはすべて答えること。)

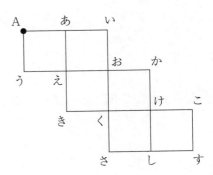

10 長方形と円を組み合わせた右の展開図を組み立ててできる立体の体積は　　　　cm³ です。ただし円周率は3.14 とします。

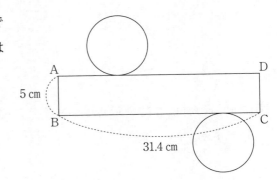

時計算 投影図・展開図

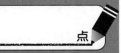

点

問題に条件がない時は，□□□□にあてはまる数を答えなさい。

1　$0.4 \times \left(1\frac{1}{2} + 0.25\right) \div 2\frac{1}{3}$　（　　　）

2　$381 \times 576 + 382 \times 301 + 383 \times 123$　（　　　）

3　$\left(\boxed{} \div \frac{3}{4} + 4\right) \times 5 = 60$

4　60 枚で 37.2g の紙が 1.55kg あります。紙は $\boxed{}$ 枚です。

5　3 時と 4 時の間で，長針と短針がぴったり重なるのは 3 時 $\boxed{}$ 分です。

6　時計の針は 5 時を示しています。このあと，時計の長針と短針が 2 回目に垂直になるのは何時何分ですか。（　　時　　分）

7 9時12分のときに長針と短針がつくる角のうち，小さいほうの角は〔　　　　〕度です。

8 図は円すいの展開図です。この円すいの表面積を求めなさい。ただし，
　　円周率は3.14とします。(　　　 cm²)

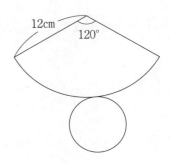

9 右の図は，ある直方体の展開図です。この直方体の表面積を求
　　めなさい。(　　　 cm²)

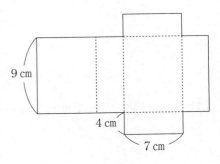

10 図は，ある立体の展開図です。この立体の体積は何cm³
　　ですか。(　　　 cm³)

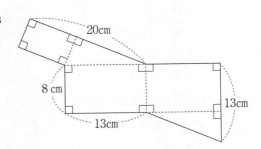

点

問題に条件がない時は，□ にあてはまる数を答えなさい。

1　$2.4 + 3.5 \times \dfrac{1}{9} \times 6.75 \div \left(\dfrac{1}{3} - \dfrac{1}{8} \right)$　（　　　　）

2　$2018 \times 18 + 2019 \times 19 + 2020 \times 20 + 2021 \times 21 + 2022 \times 22 = 2020 \times 100 +$ □

3　$(2 \times$ □ $+ 0.8) \times 2\dfrac{1}{2} = 3$

4　500 円の品物に 2 割の利益を見込んでつけた定価から，2 割引きして売ると売値は □ 円
です。

5　時計の長針と短針がつくる小さい方の角が 105° となる時刻は □ です。
　　㋐　3 時 08 分　　㋑　6 時 55 分　　㋒　9 時 30 分　　㋓　10 時 10 分

6　右の図で，時計の針はちょうど 3 時を示しています。このあと，長針と短針
が初めて重なるのは □ です。
　　㋐　3 時 15 分から 3 時 16 分の間　　㋑　3 時 16 分から 3 時 17 分の間
　　㋒　3 時 17 分から 3 時 18 分の間　　㋓　3 時 18 分から 3 時 19 分の間

7 ある日の午前 0 時ちょうどから翌日の午前 0 時までで，長針と短針が重ならずに一直線になるの
　は ［ ア 　　　　　］ 回あります。

　　また，5 回目に一直線になるのは午前 4 時 ［ イ 　　　　　］ 分です。

8 同じ大きさの立方体を積み重ねて，立体を作ります。右の
　図は，この立体を真正面と真上から見た図です。立方体は何
　個あると考えられるか，すべての場合を求めなさい。

　　　　　　　　　　　　　　　　　　　　　　（　　　　個）

真正面　　　　　　真上

9 右の図のような直方体があります。ひもを頂点 A から辺
　BC を通って頂点 G まで巻きつけます。ひもの長さが最も短
　くなるとき，ひもの長さを 1 辺とする正方形の面積は何 cm²
　か求めなさい。（　　　　cm²）

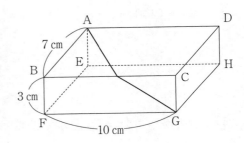

10 次の ［ 　　　　　］ にあてはまる最も適当なものを㋐〜㋓から 1 つ選び，記号で答えなさい。

　　右の図のような円すいの底面の円周上の点 A から，横の曲面に糸がゆるまないように
　最短で 1 周巻いた後，横の曲面の糸のかかった部分に沿って切り取って，AB で開くと，
　［ 　　　　　］ のような図形になります。

㋐ 　　㋑ 　　㋒ 　　㋓

場合の数 立方体の積み上げ

点

問題に条件がない時は，□にあてはまる数を答えなさい。

1 $1.6 \div \left\{ 1.4 \div 1.2 - \dfrac{2}{5} \times \left(1.5 - \dfrac{1}{3} \right) \right\}$ （   ）

2 $20192021 \times 20202020 - 20192020 \times 20202021$ （   ）

3 $85 + (240 - \boxed{}) \div 5 = 100$

4 右のグラフは A さんが家から学校まで一定の速さで歩いた様子を表しています。アに当てはまる数を求めなさい。（   ）

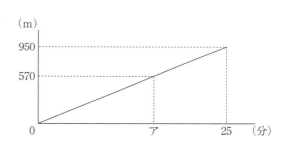

5 赤玉 2 個，白玉 1 個，黒玉 1 個の合計 4 個を一列に並べる方法は□通りある。

6 大小 2 個のさいころを同時に投げたとき，出た目の和が 8 以上になるのは□通りあります。

7 1, 2, 3 を 1 回ずつ使ってできる 3 桁(けた)の整数は全部で _____ 通りあります。

8 次の _____ にあてはまる最も適当なものを⑦〜⊆から 1 つ選び，記号で答えなさい。

立方体を積み重ねたものを，ある 2 方向から見ると，右の図のようになりました。このとき，立方体は _____ のように積まれています。

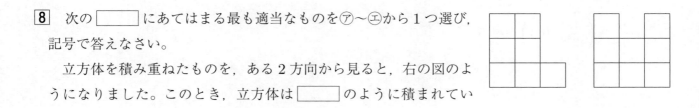

 ⑦　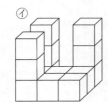 ④　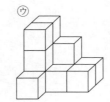 ⑤　 ⊆

9 1 辺が 2 cm の立方体を 5 つ使って，図のように積み上げました。積み上げた立体の表面積を求めなさい。（　　　　cm²）

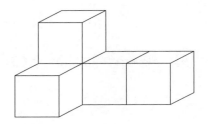

10 右の図のように，2 つの直方体を重ねてできた立体があります。この立体の体積が 1280cm³ のとき，表面積は何 cm² ですか。

（　　　　cm²）

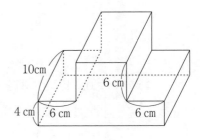

10cm　6 cm　4 cm　6 cm　6 cm

場合の数 立方体の積み上げ

点

問題に条件がない時は, ☐ にあてはまる数を答えなさい。

1 $\dfrac{4}{9} \div \left(\dfrac{1}{3} - 0.3 \right) \times 1.5$ （　　　）

2 $(345 + 453 + 534) \div (678 + 786 + 867) = \dfrac{\boxed{}}{7}$

3 $216 \div (96 - \boxed{} \times 6) = 3$

4 $800\text{cm}^2 : 0.32\text{m}^2$ をもっとも簡単な整数の比であらわすと $\boxed{} : 4$ になります。

5 0, 1, 2, 3, 4 の数字が書かれたカードが 1 枚ずつあります。これらのカードを並べて 3 けたの整数をつくるとき, 3 けたの整数は全部で何個つくることができますか。（　　　個）

6 4 つの数 0, 1, 2, 3 を一度ずつ使って 4 けたの整数を作ると, 2013 は大きい方から数えて あ☐ 番目の数です。また一番大きな数から一番小さな数を引いてできる数の約数は い☐ 個あります。

7　6チームで総当たり戦をするとき，全部で何試合ありますか。(　　　試合)

8　下の図は，1辺1cmの立方体を積み重ねてできた立体を右のように，真上，正面，真横から見たものです。このとき，この立体の表面積を求めなさい。
(　　　cm²)

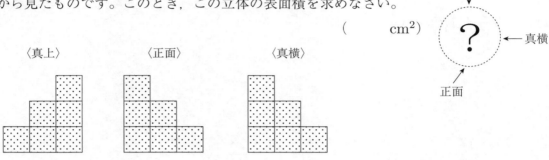

〈真上〉　　　　〈正面〉　　　　〈真横〉

9　図は1辺1cmの立方体をすきまなく積み上げた立体を，真横と真上それぞれから見て，かかれたものです。この立体の表面積は何cm²ですか。ただし，底面の部分も含みます。(　　　cm²)

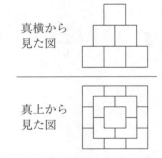

真横から
見た図

真上から
見た図

10　1辺の長さが1cmの立方体をいくつか積み上げてできた立体があります。この立体を真上から見た図が図1です。また，アの向きから見た図が図2，イの向きから見た図が図3です。この立体に使われている立方体の個数は，最も少ない場合で何個ですか。(　　　個)

図1　　　　　　図2　　　　　　図3

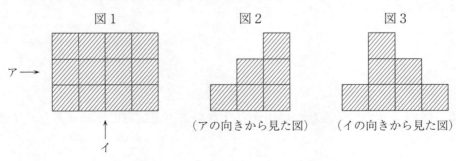

ア→

イ

(アの向きから見た図)　(イの向きから見た図)

問題に条件がない時は，□□□にあてはまる数を答えなさい。

1 $\left(3\dfrac{3}{10} + 1.75 - 3\dfrac{1}{4}\right) \div 0.24 \times \dfrac{2}{3}$ （　　　）

2 $\dfrac{15 + 17}{15 \times 17} - \dfrac{17 + 19}{17 \times 19} + \dfrac{19 + 21}{19 \times 21} - \dfrac{21 + 23}{21 \times 23}$ （　　　）

3 $30 \times \left(\dfrac{5}{6} + \boxed{} - \dfrac{2}{3}\right) = 23$

4 姉と妹の所持金の比は 5：4 です。姉が 300 円の買い物をしたので所持金の比が 13：12 になりました。姉は，はじめ何円持っていましたか。（　　　円）

5 A さんは 1 円玉を 2 枚，10 円玉を 3 枚，100 円玉を 4 枚持っています。このとき，払うことのできる金額は全部で何通りありますか。（　　　通り）

6 赤，青，黄，緑の 4 本の色えんぴつの中から 2 本を選ぶ選び方は何通りありますか。

（　　　通り）

7　右の図のように，間かくが等しい道が，たて，横4本ずつあります。AからBまで一番短い道のりで進むとき，進み方は全部で あ ⬚ 通りです。そのうち，ア，イの間の道が通行止めのときの進み方は い ⬚ 通りです。

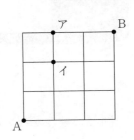

8　右の図は1辺が1cmの立方体のブロックをすきまなく並べて作った立方体です。

　ブロック27個を並べて作った立方体の色をつけた部分を反対側の面までまっすぐくりぬきます。くりぬいたあとの立体の表面積を求めなさい。

（　　　　cm²）

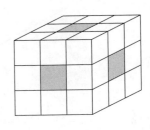

9　右の図は，1辺の長さが2cmの立方体を64個積み上げて大きな立方体にしたものです。この大きな立方体から，色をつけた部分を反対側の面までくりぬいたとき，残った部分の体積を求めなさい。（　　　　cm³）

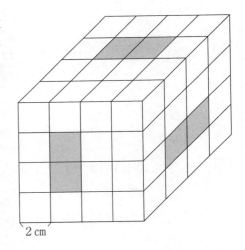

2cm

10　図のように，1辺の長さが1cmの立方体を64個くっつけて，大きな立方体を作りました。大きな立方体から，図の ⬛ の部分を反対側までくりぬきました。このとき，残った立体の体積は ⬚ cm³ となります。

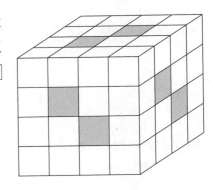

こさ 水の深さ

点

問題に条件がない時は，□にあてはまる数を答えなさい。

1 $\left\{ 10 - \left(3\frac{1}{4} - 1.75 \right) \div \frac{3}{11} \right\} + 2 \times 1.75$ （　　　）

2 $\dfrac{1}{3 \times 4} + \dfrac{1}{4 \times 5} + \dfrac{1}{5 \times 6} + \dfrac{1}{6 \times 7}$ （　　　）

3 $3 \times \boxed{} - 108 \div 6 = 12$

4 A さんの 3 回のテストの得点は 65 点，87 点，73 点でした。この 3 回のテストの平均点は $\boxed{\text{あ}}$ 点です。次のテストで $\boxed{\text{い}}$ 点をとると，平均点が 4 点高くなります。$\boxed{\text{あ}}$, $\boxed{\text{い}}$ にあてはまる数を答えなさい。

5 300g の水に 20g の食塩を加えると $\boxed{}$ ％の食塩水になります。

6 濃度が 12 ％の食塩水 400g には $\boxed{}$ g の食塩が含まれます。

7　30g の食塩を ____ g の水にとかすと，8 ％の食塩水ができます。

8　内のりの縦が 20cm，横が 40cm，深さ 20cm の直方体の形をした容器に，12L の水を入れました。水の深さは何 cm になりましたか。（　　　　cm）

9　大きい直方体から小さい直方体をのぞいた形の，図のような容器がある。この容器に矢印のところから水を 360cm³ 入れた場合，水面の高さは ____ cm となる。

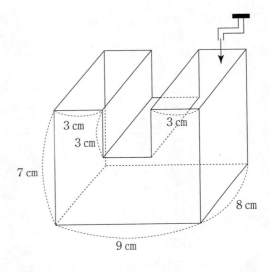

3 cm
3 cm
3 cm
7 cm
8 cm
9 cm

10　底面の直径が 6 cm の円柱の形をした容器に 10cm の高さまで水が入っています。この水をたて 5 cm，横 6 cm の直方体の形をした容器に移すと水の高さは何 cm になりますか。ただし，円周率は 3.14 とします。（　　　　cm）

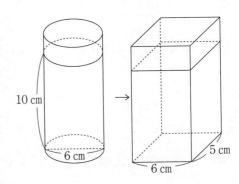

10 cm
6 cm
6 cm
5 cm

点

問題に条件がない時は，□にあてはまる数を答えなさい。

1　$\dfrac{5}{2} \times 1.2 - \left(3\dfrac{4}{5} - 2.6\right) \div 0.5$　（　　　）

2　$\dfrac{2}{3} + \dfrac{2}{15} + \dfrac{2}{35} + \dfrac{2}{63}$　（　　　）

3　$\left(60 - \boxed{} \times 1\dfrac{2}{7}\right) \div \dfrac{5}{6} = 54$

4　A君が受けた算数のテストの4回目までの平均点は73点でした。5回目に□点をとったので，平均点が75点になりました。

5　6％の食塩水150gに水を450g加えます。何％の食塩水ができますか。（　　　％）

6　6％の食塩水が500gあります。この食塩水を8％にするには何gの水を蒸発させるとよいですか。（　　　g）

7　水 135g に食塩 15g を加えると [＿＿＿] ％の食塩水ができる。

8　右の図のような直方体の容器がある。この容器に 3cm の深さまで水が入っている。この中に底面積が 50cm² で高さが 8cm の直方体の重りを底面が容器の底につくように入れると，容器の水の深さは [＿＿＿] cm 上がります。

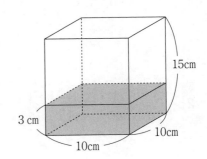

9　右の図のような直方体の容器に 9600cm³ の水を入れ，さらに石を入れたところ，石は完全に水の中に入り，水の深さが 16.4cm になりました。

このとき，石の体積は [＿＿＿] cm³ です。

ただし，容器の厚さは考えないものとします。

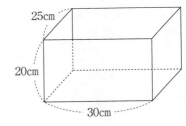

10　水平な台の上に，たて 10cm，横 10cm，高さ 15cm の直方体の容器を置いて 12cm の高さまで水を入れました。この容器に，1 辺の長さが 3cm の立方体のおもりを 1 個ずつ沈めていきます。はじめて容器から水があふれるのは何個目のおもりを沈めたときですか。（　　　　個目）

こさ 水の深さ

点

問題に条件がない時は，□にあてはまる数を答えなさい。

1   $1\dfrac{1}{4} - 0.75 \times \dfrac{5}{9}$ （   ）

2   $\dfrac{1}{10} + \dfrac{1}{40} + \dfrac{1}{88} + \dfrac{1}{154}$ （   ）

3   $2 + 3 \times (10 - \boxed{}) \div 2 = 11$

4   右の表は算数のテストの結果をまとめたものです。50点以上60点未満の人は全体の何％ですか。（   ％）

得点（点）		人数（人）
以上	未満	
0 ～	30	4
30 ～	40	6
40 ～	50	7
50 ～	60	11
60 ～	70	7
70 ～	80	9
80 ～	90	4
90 ～	100	7
100		0

5   8％の食塩水100g と5％の食塩水200g を混ぜると何％の食塩水になりますか。（   ％）

6   5％の食塩水300g から60g 取り出し，代わりに水を60g 入れると，□％の食塩水になります。

7 200g の食塩水があり，その食塩水に水 250g と食塩 50g を加えたら 12 ％の食塩水になりました。このとき，200g の食塩水は何％でしたか。(　　　　％)

8 たて 20cm，深さ 16cm の直方体の水そうがあります。この空の水そうに，毎分 5.76dL の割合で水を入れると，18 分 20 秒後にいっぱいになりました。この水そうの横の長さは □ cm です。

9 図のような直方体の水そうに水がいっぱい入っています。この水そうを 45 度傾けるとき，こぼれる水の量は何 cm³ ですか。(　　　　cm³)

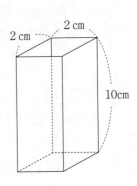

10 図1のような，ふたのない直方体の容器に，水が 12cm の深さまで入っています。図1の容器を水がこぼれない限界まで図2のように傾けます。図2の □ に入る数を答えなさい。

(　　　　cm)

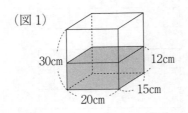

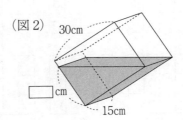

N進法 さいころ

点

問題に条件がない時は，□□□にあてはまる数を答えなさい。

1 $\left(\dfrac{4}{5} + \dfrac{1}{2}\right) \div 0.3 + \dfrac{1}{6}$　（　　　）

2 $\dfrac{4}{1 \times 3} - \dfrac{8}{3 \times 5} + \dfrac{12}{5 \times 7} - \dfrac{16}{7 \times 9} + \dfrac{20}{9 \times 11} - \dfrac{24}{11 \times 13}$　（　　　）

3 $(40 \div \boxed{} - 8) \div 3 = 4$

4 記号【　】は，【　】の中の数の約数の個数を表すものとします。例えば，8 の約数は 1，2，4，8 なので【8】＝ 4 となります。このとき，次の式の計算をしなさい。

式 : $\dfrac{【2 \times 【12】 + 3 \times 【15】】}{4}$　（　　　）

5 次の図のように，8 つの正方形をある決まりによってぬりつぶし，そのぬりつぶし方によって数を表すこととします。10 はどのように表しますか。

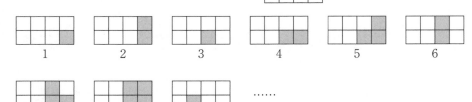

6 下の図は，それぞれ 1 から 16 の数を表しています。

25 を表す図を右の図にかき入れなさい。

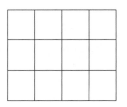

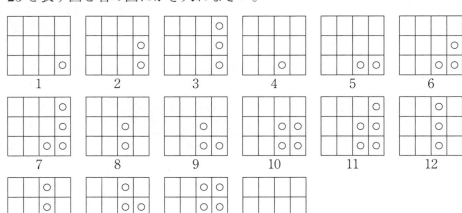

7 　0と1を使ってつくった数を，小さい順に並べると

　0，1，10，11，100，101，110，111，1000，…

となります。最初から数えて15番目の数は □ です。

8 　サイコロは向かい合う面の目の数の和が7になるようにつくられます。サイコロの展開図として
正しいものを，次の(ア)〜(エ)の中からすべて選びなさい。(　　　　)

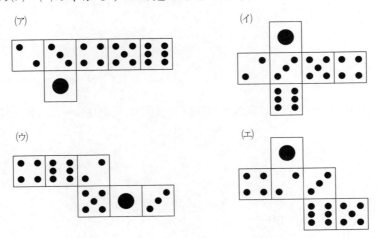

9 　右図のようなさいころの展開図を考えます。展開図のあいているところに，さ
いころの目を向きも考えて記入しなさい。

　ただし，さいころは向かい合う面の目の和が7になるように作られています。

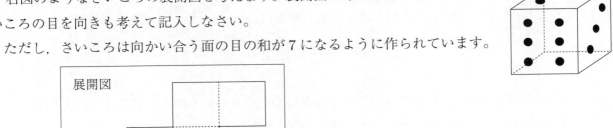
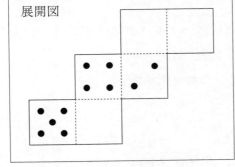

10 　立方体のサイコロについて考えます。サイコロの向かい
合う面の数字の和は7になります。

　図1は，あるサイコロの展開図です。これを組み立てた
ものが図2です。図2の空いている面に入る数字を，向き
も考えて書き入れなさい。

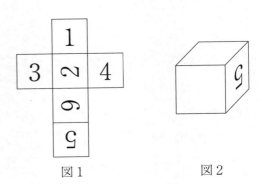

図1　　　　　　　　図2

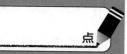
問題に条件がない時は，□ にあてはまる数を答えなさい。

1 $\left(1\frac{1}{4} - 0.125\right) \div 1\frac{11}{16} \times 0.75$ （   ）

2 $1004 + 1005 + 1006 + 1007 + 1008 + 1009 + 1010 + 1011 + 1012 + 1013 + 1014$

（   ）

3 $48 + (24 - \boxed{}) \times 6 = 60$

4 1 から 50 までの整数で，約数の数が 3 個の整数は全部で $\boxed{}$ 個あります。

5 下の数の列は，0 と 1 と 2 のみを使う 1 以上の整数を小さいものから順に並べたものです。
   1, 2, 10, 11, 12, 20, 21, 22, 100, 101, 102, 110, …
   このとき，この数の列で，最初から数えて 19 番目の数を求めなさい。（   ）

6 1, 10, 11, 100, 101, 110, 111, 1000, 1001, 1010, 1011, 1100, ……というように，規則的に数字が並んでいます。このとき，100000 は，はじめから数えて何番目の数字か答えなさい。

（   番目）

7 次の □ に，0 または 1 のいずれかを入れなさい。
   $2016 = \boxed{} \times 1 + \boxed{} \times 2 + \boxed{} \times 4 + \boxed{} \times 8 + \boxed{} \times 16 + \boxed{} \times$
   $32 + \boxed{} \times 64 + \boxed{} \times 128 + \boxed{} \times 256 + \boxed{} \times 512 + \boxed{} \times 1024$

8 展開図が右のようなさいころを，マス目にそっ
てすべらないように転がします。さいころがイの
位置に着いたとき，上を向いている面の目の数は
いくつですか。（　　　）

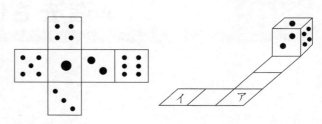

9 向かい合う面の数字の和が7になるさいころがあります。右の図
のようにさいころがすべることなく矢印の順に転がるとき，転がり終
わった後の上の面の数字は ☐ になります。

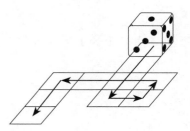

10 向かい合う面の目の数の和が7になっている図のようなサイコロがあります。次
の問いに答えなさい。

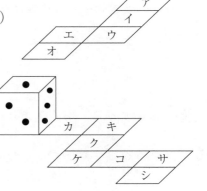

(1) このサイコロを，図のようにアからオまで，すべらないように転
がしました。このとき，次の問いに答えなさい。
① ウの面と重なる目の数はいくつですか。（　　　）
② アからオの面と重なる目の数の合計はいくつですか。（　　　）

(2) このサイコロを，図のようにカからシまで，すべらないよう
に転がしました。このとき，次の問いに答えなさい。
① コの面と重なる目の数はいくつですか。（　　　）
② カからシの面と重なる目の数の合計はいくつですか。
（　　　）

N進法 さいころ

点

問題に条件がない時は，□□□□にあてはまる数を答えなさい。

1 $2.5 - \dfrac{1}{4} + \dfrac{5}{8} \div 0.5$ （　　　　）

2 $1 \times 1 \times 1 + 3 + 5 + 3 \times 3 \times 3 + 13 + 15 + 17 + 19 + 5 \times 5 \times 5 + 31 + 33 + 35 + 37 + 39 + 41$ （　　　　）

3 $(454 - \boxed{} \times 17) \div 11 = 32$

4 $\dfrac{5}{6}$，$3\dfrac{1}{3}$，$3\dfrac{3}{4}$ の，どの分数にかけても整数になる，最も小さい分数は何ですか。（　　　　）

5 0と1だけを使った数字をある決まりにしたがって並べていき整数を作ります。

　0, 1, 10, 11, 100, 101, 110, 111, 1000, 1001, 1010, 1011, 1100…

このとき，5桁の整数は全部で何個ありますか。（　　　　個）

6 次のように，あるきまりにしたがってマスに色をぬり，整数を図で表します。このとき，

は，いくつを表していますか。（　　　　）

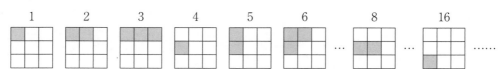

7 次のように，ゲームの得点を電球をつけて表します。ただし，●は電球がついている状態で，○は消えている状態です。

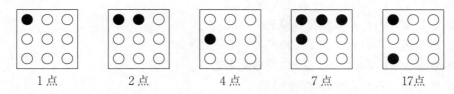

1点　　　　2点　　　　4点　　　　7点　　　　17点

このとき，最高何点まで表すことができますか。（　　　点）

8 あるさいころには，1から6の数が書かれており，ある面とその裏側の面の数の合計は7です。いま，このさいころをたてに積み重ね，台にふれる面とさいころ同士がふれる面に書かれた数を「かくれた数」と呼ぶことにします。

このさいころを2個積み重ねて上から見ると，書かれた数は3でした。このとき，「かくれた数」の合計を求めなさい。（　　　）

9 右の図のように，3つのさいころをくっつけてあります。くっついている4つの面の目の和は□□□です。ただし，それぞれのさいころは，向かい合った面の目の和が7で，目のつき方はどれも同じです。

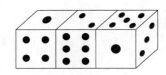

10 サイコロは向かい合った面の目の数の和が7になっています。右の図のように3つのサイコロを，同じ目の数の面どうしをくっつけて机の上に置きました。このとき，いろいろな向きから見ることができる面の目の数の和を求めなさい。（　　　）

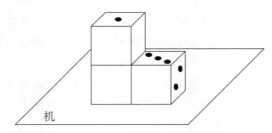

机

― 消去算 ―

2つの数のうち，1つを消して解いていく。

① 2つあるうち，1つの数をそろえて解く。

$\begin{cases} かき2個とみかん3個で360円 & \times3 \\ かき3個とみかん4個で500円 & \times2 \end{cases}$

かきの個数を，2×3＝6（個）にそろえると，

$\begin{cases} かき6個とみかん9個で1080円 \\ かき6個とみかん8個で1000円 \end{cases}$

よって，みかん，9－8＝1（個）は，1080－1000＝80（円）

② 1つの数をもう1つの数におきかえて解く。

かき2個とりんご5個で720円

りんご1個はかき2個分の値段と同じ

このとき，りんご5個の値段は，かき，5×2＝10（個分）の値段と同じで，

かき2個とりんご5個の値段は，かき，2＋10＝12（個分）の値段。

よって，かき1個の値段が，720÷12＝60（円）

― 和差算 ―

2つの数の「和」と「差」を用いて，2つの数をそれぞれ求める。

求めたい方の数と同じ数になるように，もう一方の数に「差」の数を足し引きして考える。

① 大きい方を求めたいときは小さい方に「差」を足す。

　　すると「和」も「差」の数だけ大きくなる。

② 小さい方を求めたいときは大きい方から「差」を引く。

　　すると「和」も「差」の数だけ小さくなる。

その後，調整した「和」を2で割ると求めたい数が答えとして出てくる。

― 分配算 ―

和が定まっているものを分けたり配ったりする。または，分けたものの差がわかっている。

① 線分図を書いて整理する。

② 数が少ない方を1とおいて考える。

（例）第13回の⑤

差の3が1200円にあたるから，1にあたるのは，1200÷3＝400（円）

よって，兄の持っているお金は，400×4＝1600（円）

― 倍数算 ―

比を利用することが多い。主に3つのパターンがある。

① 操作の前後で　和　が同じ→第16回⑤～⑦

② 操作の前後で　差　が同じ→第17回⑤～⑦

③ 操作の前後で一方の値が同じ→第18回⑤～⑦

いずれのパターンも操作の前後で数の大きさが変化しないものに注目して解く。

（例）第16回の⑤

前　姉：妹＝11：4　比の和15　　×3

後　姉：妹＝2：1　比の和3　　×2

前　姉：妹＝11：4　比の和15

後　姉：妹＝10：5　比の和15

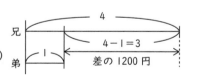

2人のお金の和は変わらないので，
比の和を最小公倍数の15にそろえる。

前と後で姉のお金が，11－10＝1減っている。この1が70円だから，はじめの姉のお金が求められる。

年齢算

時間がたっても年齢の差は変わらないことに注目して解く。

（例）第19回の [6]

　年齢の差，46−22＝24（才）に注目する。

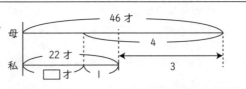

相当算

全体の量を1として，使った量や残りの量，その割合などから1にあたる量を求める。

（全体の量）＝（残りの量）÷（残りの量にあたる割合）

（例）グラスの中のジュースを$\frac{3}{5}$飲んだら，100mL 残った場合，

はじめにグラスに入っていたジュースの量を1とすると，

残ったジュースは元々のジュースの，$1−\frac{3}{5}=\frac{2}{5}$ で，

これが100mLにあたるから，

はじめにグラスに入っていたジュースの量は，$100÷\frac{2}{5}=250$（mL）

損益算

原価（仕入れ値）や定価，売価，利益，損失などを求めるような問題。

・定価＝原価＋利益＝原価×（1＋利益率），原価＝定価÷（1＋利益率）

　（例）原価の25%の利益を見込んで1000円の定価をつけた商品の原価は，$1000÷(1+0.25)=800$（円）

・売価＝定価−値引額＝定価×（1−値引率），定価＝定価÷（1−値引率）

　（例）定価の15%引きの売価が2040円の商品の定価は，$2040÷(1-0.15)=2400$（円）

仕事算

① 全体の仕事量を1として1日あたりの仕事量を求める。

　1÷仕事を終えるのに必要な日数＝1日の仕事量

② 1人が1日にする仕事量を1として全体の仕事量を求める。

　1×仕事をする人数×仕事を終えるのに必要な日数＝全体の仕事量

ニュートン算

はじめの量，増える量，減る量を確認してから解く。

（例）第31回の [5]

　はじめの量：1200人，

　増える量：1分当たり60人　　⇒ここから5分間で合計何人が入場したか求められる。

　減る量：不明　　　　　　　　⇒解き進めて求める。

はじめの量，増える量，減る量のどれもわからない場合，何らかの量を1として考える。

（例）第31回の [6]

　牛が1日に食べる草の量を1とする。牛6頭が18日で食べる量は，$1×6×18=108$

差集め算・過不足算

「1つあたりの差」が積み重なって「全体の差」になることを利用して解く。

（1つあたりの差）×（個数）＝（全体の差）

つまり，（全体の差）÷（1つあたりの差）＝（個数）

（例）第34回の [5]

	シャープペン 1本	ボールペン 1本	1本あたりの 差
1つあたりの差：	170円	− 120円	＝ 50円

　全体の差：200円

　$200÷50=4$　⇒　ボールペンのほうがシャープペンより4本多い。

つるかめ算

「1 個あたりの量」がわかっているものが 2 種類あるが，それぞれの個数はわからず，

「個数の合計」と「(1 個あたりの量) × (個数) の合計」はわかっている状態から，個数を求める。

（積）

すべてがどちらか一方と仮定して，実際の (1 個あたりの量) × (個数) の合計との差を利用する。

（例）第 37 回の ⑤

　　1 個あたりの量：ニワトリ 2 本　ブタ 4 本，個数の合計：50，足の数（積）の合計：152

　　すべてニワトリなら，(1 個あたりの量) × (個数) は，2×50＝100 で，152－100＝52 だけ大きい。

　　ニワトリが 1 羽少なく，ブタが 1 匹多いと (1 個あたりの量) × (個数) は 2 多くなるので。

　　52÷2＝26（頭）がブタとわかる。

旅人算

2 人が反対方向に移動する。⇒2 人の速さの和に注目。

2 人が同じ方向に移動する。⇒2 人の速さの差に注目。

（例）第 41 回の ⑦

　　　1 分あたり，75－60＝15（m）　　　　　　　　　　　　　　60×2.5＝150（m）

兄が公園に着くまでに兄が弟を引き離した距離＝兄が公園に着いたときに弟がいる地点と公園の距離から，

兄が公園に着いた時間を考える。

通過算

通過する時間⇒電車の先頭とすれ違ってから，最後尾とすれ違うまでの時間。

通過前から通過後まで電車がどれだけの距離を走るか考える。

電車が通り過ぎるのに必要な距離

　人（幅を考えないでいいもの）⇒電車の長さ分

　トンネル⇒トンネルの長さ＋電車の長さ

　　※通過する時間と入っている時間は違う！

　　　トンネルに入っている時間に走る距離⇒トンネルの長さ－電車の長さ

時計算

長針は 1 分で，360°÷60＝6°，短針は 1 分で，30°÷360＝0.5°進む。

長針と短針の旅人算として考え，同じ向きに進むから，差（1 分に，6°－0.5°＝5.5°）に注目する。

こさ

食塩水の濃度＝食塩の重さ÷食塩水の重さ

食塩の重さ＝食塩水の重さ×食塩水の濃度

食塩水の重さ＝食塩の重さ÷食塩水の濃度

2 種類の食塩水の濃度を求める問題

できる食塩水の重さ，できる食塩水に含まれる食塩の重さ，できる食塩の濃度に注目して解く。

解答・解説

第1回

| 1 | 555 | 2 | 36.9 | 3 | 315 | 4 | 0.00067 | 5 | 108 | 6 | 79 | 7 | 1480 | 8 | 112.5 (度) | 9 | 42 (度) |

10 45 (度)

解説

2 与式 $= 1.23 \times (6 + 7 + 8 + 9) = 1.23 \times 30 = 36.9$

3 $1 - \dfrac{1}{3} + \dfrac{1}{5} - \dfrac{1}{7} = \dfrac{105}{105} - \dfrac{35}{105} + \dfrac{21}{105} - \dfrac{15}{105} = \dfrac{76}{105}$ だから，$\dfrac{76}{105} \times \boxed{} = 228$ より，$\boxed{} = 228$

$\div \dfrac{76}{105} = 315$

4 $1\,\mathrm{km} = 1000\mathrm{m} = 100000\mathrm{cm}$ より，$67 \div 100000 = 0.00067\,(\mathrm{km})$

5 $\dfrac{15}{7} = 2.14285714\cdots$ より，小数第1位から $\{1,\ 4,\ 2,\ 8,\ 5,\ 7\}$ の6個の数字がくり返し並ぶ。$24 \div 6 = 4$ より，小数第24位まではこれを4回くり返すので，その和は，$(1 + 4 + 2 + 8 + 5 + 7) \times 4 = 108$

6 はじめの数字が3で，$7 - 3 = 4$ ずつ大きくなっているから，20番目は，$3 + 4 \times (20 - 1) = 79$

7 17から6ずつ増えているので，20番目の数は，$17 + 6 \times (20 - 1) = 131$　よって，求める数の和は，$(17 + 131) \times 20 \div 2 = 1480$

8 右図で，三角形ABCは二等辺三角形だから，イの角とウの角の大きさは等しい。三角形の角の和は180°なので，イの角の大きさは，$(180° - 45°) \div 2 = 67.5°$　よって，アの角の大きさは，$180° - 67.5° = 112.5°$

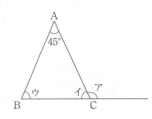

9 右図で，角⒤の大きさは，$90° - 21° = 69°$　三角形ABCは二等辺三角形だから，角⒰の大きさも69°。三角形の角の和は180°なので，角⒜の大きさは，$180° - 69° \times 2 = 42°$

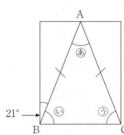

10 二等辺三角形の等しい角の大きさは，$(180° - 40°) \div 2 = 70°$　よって，アの角度は，$70° - 25° = 45°$

第2回

$\boxed{1}$ 70　$\boxed{2}$ 20180　$\boxed{3}$ 162　$\boxed{4}$ 596 (kg)　$\boxed{5}$ (順に) $\dfrac{1}{3}$, 7　$\boxed{6}$ 9　$\boxed{7}$ 25　$\boxed{8}$ (順に) 45, 75　$\boxed{9}$ 165 (度)

$\boxed{10}$ 136

解 説

$\boxed{1}$ 与式 = 38 + 32 = 70

$\boxed{2}$ 与式 = (1 + 2 + 3 + 4) × 2018 = 10 × 2018 = 20180

$\boxed{3}$ 検算の式より，$\boxed{}$ = 23 × 7 + 1 = 161 + 1 = 162

$\boxed{4}$ 1 t = 1000kg，1 kg = 1000g より，与式 = 350kg + 200kg + 46kg = 596kg

$\boxed{5}$ $\dfrac{1}{2}$，$\dfrac{1}{3}$，$\dfrac{1}{4}$ の 3 つの分数がくり返されている。8 ÷ 3 = 2 あまり 2 より，8 番目の分数は $\dfrac{1}{3}$。また，3 つの

分数の和は，$\dfrac{1}{2} + \dfrac{1}{3} + \dfrac{1}{4} = \dfrac{13}{12}$　よって，19 ÷ 3 = 6 あまり 1 より，19 番目までの分数は，$\dfrac{1}{2}$，$\dfrac{1}{3}$，$\dfrac{1}{4}$

を 6 回くり返したあと，$\dfrac{1}{2}$ が並ぶので，和は，$\dfrac{13}{12} × 6 + \dfrac{1}{2} = 7$

$\boxed{6}$ ならんでいる数の一の位の数字は，1，3，9，7 のくり返しになっている。2019 番目までにこのくり返しは，
2019 ÷ 4 = 504 あまり 3 より，504 回あり，1，3，9 とつづくので，9。

$\boxed{7}$ 1 = 1 × 1，4 = 2 × 2，9 = 3 × 3，16 = 4 × 4，36 = 6 × 6，…なので，$\boxed{}$ = 5 × 5 = 25

$\boxed{8}$ 三角定規の角の大きさより，右図で，⑤の角の大きさは 45°になる。よって，⑥の角の
大きさは，90° − 45° = 45°　また，⑧の角の大きさは 60°だから，⑥の角の大きさは，
180° − (45° + 60°) = 75°

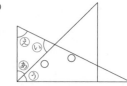

$\boxed{9}$ 右図の角アは 45°，角イは 60°なので，色をつけた四角形の角の和は 360°となるので，求め
る角の大きさは，360° − (90° + 45° + 60°) = 165°

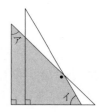

$\boxed{10}$ 右図で，角イ = 180° − (60° + 29°) = 91°　2 つの線が交わってできる向かい
あう角は等しくなるので，角ウ = 180° − (45° + 91°) = 44°　よって，角ア =
180° − 44° = 136°

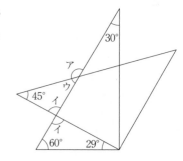

第3回

$\boxed{1}$ $\dfrac{28}{3}$　$\boxed{2}$ 20190　$\boxed{3}$ 27　$\boxed{4}$ 32000　$\boxed{5}$ (21番目) 125　(21番目までの合計) 1365　$\boxed{6}$ 51　$\boxed{7}$ 21 (cm)

$\boxed{8}$ 52 (度)　$\boxed{9}$ 111 (度)　$\boxed{10}$ 241

解　説

$\boxed{1}$ 与式 $= \dfrac{34 \times 14}{51} = \dfrac{28}{3}$

$\boxed{2}$ 与式 $= 2019 \times (23 - 19 + 6) = 2019 \times 10 = 20190$

$\boxed{3}$ $\boxed{} - 9 = 6 \times 3 = 18$ より，$\boxed{} = 18 + 9 = 27$

$\boxed{4}$ $1\,\mathrm{m}^2 = 100 \times 100 = 10000\,(\mathrm{cm}^2)$ だから，$3.2 \times 10000 = 32000\,(\mathrm{cm}^2)$

$\boxed{5}$ となりの数どうしの差が，$11 - 5 = 17 - 11 = 23 - 17 = 6$ となっているから，21番目の数は，$5 + 6 \times (21 - 1) = 125$　21番目までの数の合計は，$(5 + 125) \times 21 \div 2 = 1365$

$\boxed{6}$ ○●○○●●がくり返されている。$100 \div 6 = 16$ あまり 4 より，白い石の個数は，$3 \times 16 + 3 = 51$（個）

$\boxed{7}$ 4番目は，$1 + 2 = 3\,(\mathrm{cm})$，5番目は，$2 + 3 = 5\,(\mathrm{cm})$，6番目は，$3 + 5 = 8\,(\mathrm{cm})$，7番目は，$5 + 8 = 13$ (cm)，8番目は，$8 + 13 = 21\,(\mathrm{cm})$

$\boxed{8}$ 右図のようにアとイに平行な直線を引くと，平行線の性質より，$x + 38° = 90°$ となる。よって，$x = 90° - 38° = 52°$

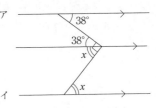

$\boxed{9}$ 右図のようにあといに平行な直線をひくと，平行線と角の関係より，㋑の角度は 52° で，㋒の角度は 59°。よって，㋐の角度は，$52° + 59° = 111°$

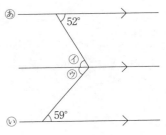

$\boxed{10}$ 右図のように直線あと直線いと平行な直線を引くと，角ア $= 24°$，角イ + 角ウ $= 180°$，角エ $= 180° - 143° = 37°$ より，角 x と y の和は，$24° + 180° + 37° = 241°$

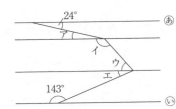

第4回

$\boxed{1}$ 16　$\boxed{2}$ 170　$\boxed{3}$ 21　$\boxed{4}$ 1.35　$\boxed{5}$ 26 (本)　$\boxed{6}$ 6 (m)　$\boxed{7}$ 36 (本)　$\boxed{8}$ 30　$\boxed{9}$ 110 (度)　$\boxed{10}$ 38 (度)

解　説

$\boxed{1}$ 与式 $= 37 - 7 \times 3 = 37 - 21 = 16$

$\boxed{2}$ 与式 $= 32 \times 17 - 30 \times 17 + 8 \times 17 = (32 - 30 + 8) \times 17 = 10 \times 17 = 170$

3　□ = (157 − 10) ÷ 7 = 21

4　1 a = 100m² だから，135 ÷ 100 = 1.35 (a)

5　4 m の間かくは，100 ÷ 4 = 25 (個)　両端にも木を植えるので，25 + 1 = 26 (本)

6　電柱と木が合わせて，2 + 16 = 18 (本) あるので，間の数は，18 − 1 = 17　よって，102 ÷ 17 = 6 (m)

7　池のまわりに木を植えるとき，木の本数と間の数は等しいので，間隔を 4 m にする場合のほうが 6 m にする場合より，間の数が 15 か所多い。また，間隔を 4 m にする場合と 6 m にする場合で，(間隔の長さ)×(間の数) は，ともに池のまわり 1 周分の長さとなり等しいので，間隔を 4 m にする場合と 6 m にする場合の間の数の比は，間隔の長さの比の逆比で，6 : 4 = 3 : 2　よって，この比の，3 − 2 = 1 にあたるのが 15 か所なので，間隔を 4 m にする場合の間の数は，15 × 3 = 45 (か所) で，池のまわりの長さは，4 × 45 = 180 (m)　間隔を 5 m にすると，間の数は，180 ÷ 5 = 36 (か所) なので，木の本数も 36 本。

8　正方形の 1 つの角が 90°，正三角形の 1 つの角が 60° であることより，右図の角ア の大きさは，360° − (90° × 2 + 60°) = 120°　よって，角 x の大きさは，(180° − 120°) ÷ 2 = 30°

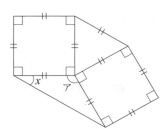

9　右図の太線の四角形の 4 つの角の大きさの合計は 360° だから，角ア = 360° − (60° × 2 + 130°) = 110°

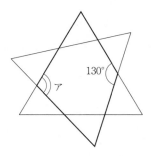

10　右図で，三角形 A'DE は三角形 ADE を折り返した形なので，2 つの三角形は合同になる。角 y の大きさは，180° − (60° + 49°) = 71° なので，対応する角である角 z の大きさも 71°。よって，角 x の大きさは，180° − (71° + 71°) = 38°

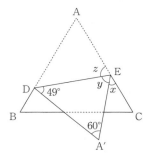

第 5 回

| 1　260 | 2　$\dfrac{9}{17}$ | 3　$\dfrac{1}{25}$ | 4　0.00035 | 5　40 (本) | 6　120 | 7　3 (cm) | 8　142 (度) | 9　110 (度) |

10　40

解説

1　与式 = 5 + 351 − 96 = 260

2　与式 = $\left(\dfrac{1}{3} + \dfrac{3}{4} - \dfrac{1}{12}\right) \times \dfrac{9}{17} = 1 \times \dfrac{9}{17} = \dfrac{9}{17}$

3　$\dfrac{50}{3} + \dfrac{13}{10} \div \dfrac{3}{10} - \boxed{} \div \dfrac{3}{25} = \dfrac{62}{3}$ より，$\dfrac{50}{3} + \dfrac{13}{3} - \boxed{} \div \dfrac{3}{25} = \dfrac{62}{3}$ だから，$\boxed{} \div \dfrac{3}{25} = \dfrac{50}{3} +$

$\dfrac{13}{3} - \dfrac{62}{3} = \dfrac{1}{3}$　よって，$\boxed{} = \dfrac{1}{3} \times \dfrac{3}{25} = \dfrac{1}{25}$

4 $1\,\mathrm{m}^3 = 100 \times 100 \times 100 = 1000000\,(\mathrm{cm}^3)$ だから，$350\mathrm{cm}^3 = 350 \div 1000000 = 0.00035\,(\mathrm{m}^3)$

5 四すみには必ず木を植え，できるだけ植える木の本数を少なくするので，木の間かくは84mと156mの最大公約数。$84 = 2 \times 2 \times 3 \times 7$，$156 = 2 \times 2 \times 3 \times 13$ より，84と156の最大公約数は，$2 \times 2 \times 3 = 12$ なので，12m間かくで木を植えればよい。この土地の周りの長さは，$(84 + 156) \times 2 = 480\,(\mathrm{m})$ なので，植える木の本数は最も少なくて，$480 \div 12 = 40\,(本)$

6 このエレベーターは，$5 - 1 = 4$（階分）のぼるのに20秒かかるので，1階分のぼるのに，$20 \div 4 = 5$（秒）かかる。1階から25階までは，$25 - 1 = 24$（階分）のぼらなくてはならないので，かかる時間は，$5 \times 24 = 120$（秒）

7 のりしろの長さの合計は，$16 \times 20 - 263 = 57\,(\mathrm{cm})$　のりしろは，$20 - 1 = 19$（カ所）あるので，求める長さは，$57 \div 19 = 3\,(\mathrm{cm})$

8 右図より，折り返した角なので，角BDE ＝ 角BDA ＝ 19°　したがって，角EDC ＝ 90° − 19° − 19° ＝ 52°　三角形DECの内角の和より，角DEC ＝ 180° − 90° − 52° ＝ 38°　よって，角アの大きさは，180° − 38° ＝ 142°

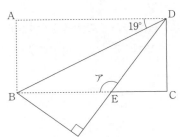

9 右図で，平行線の性質より，角zの大きさは40°なので，角xと角yを合わせた大きさは，180° + 40° ＝ 220°　角xと角yは折る前後で同じ角なので，大きさが等しい。よって，角xの大きさは，220° ÷ 2 ＝ 110°

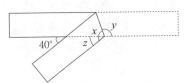

10 右図で，CEとCDは折る前後なので長さが等しく，四角形ABCDがひし形より，CB ＝ CDなので，三角形CEBは二等辺三角形。ひし形の性質より，角⊙ ＝ 80°なので，角⑤ ＝ 180° − 80° × 2 ＝ 20°　角あと角えは折る前後なので大きさが等しく，ひし形の性質より，角あ，角⑤，角えを合わせた大きさは，180° − 80° ＝ 100°なので，角あ ＝ (100° − 20°) ÷ 2 ＝ 40°

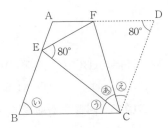

第6回

1 29　2 1000　3 $\dfrac{7}{20}$　4 14 (L)　5 9（本）　6 144（枚）　7 128（個）　8 55（度）　9 150（度）

10 ⑦ 74（度）　④ 92（度）

解説

1 与式 = 32 − 24 ÷ (14 − 6) = 32 − 24 ÷ 8 = 32 − 3 = 29

2 与式 = 103 × 25 − 27 × (5 × 5) − 36 × 25 = 103 × 25 − 27 × 25 − 36 × 25 = (103 − 27 − 36) × 25 = 40 × 25 = 1000

3 $\dfrac{1}{2} \div \dfrac{2}{3} = \dfrac{1}{2} \times \dfrac{3}{2} = \dfrac{3}{4}$ だから，$\boxed{} = \dfrac{3}{4} - \dfrac{2}{5} = \dfrac{7}{20}$

4 10dL ＝ 1L なので，140 ÷ 10 ＝ 14（L）

5 木を植えた道路の長さは，6.5 ×（31 － 1）＝ 195（m）だから，5m おきに植えかえると必要な木の本数は，195 ÷ 5 ＋ 1 ＝ 40（本）　よって，さらに必要となる木の本数は，40 － 31 ＝ 9（本）

6 44 ÷ 4 ＝ 11（枚）より，1 辺に並べたタイルは，11 ＋ 1 ＝ 12（枚）　よって，並べたタイルの枚数は，12 × 12 ＝ 144（枚）

7 右図のように分けて考えると，1 つのかたまりが，464 ÷ 4 ＝ 116（個）になるから，一番外側の一辺に並ぶご石の数は，116 ÷ 4 ＋ 4 ＝ 33（個）　一番外側に並んでいるご石の数は，一番外側の一辺に並ぶご石の数の 4 倍より 4 個少ないから，33 × 4 － 4 ＝ 128（個）

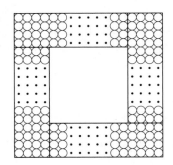

8 右図の角イの大きさは，90° － 35° ＝ 55°　角ウの大きさは，360° －（90° × 2 ＋ 55°）＝ 125°　よって，角アの大きさは，180° － 125° ＝ 55°

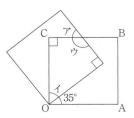

9 右図で，角㋓の大きさは，60° － 30° ＝ 30° になるので，三角形 MBO は，90°，60°，30° の直角三角形となる。よって，㋑の角度は 90°，㋒の角度は，180° －（90° ＋ 60°）＝ 30° なので，㋐の角度は，180° － 30° ＝ 150°

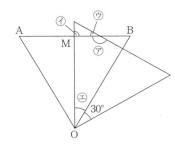

10 三角形 ABC と三角形 DBE は合同なので，右図で，㋐の角と㋒の角の大きさは等しい。よって，三角形 ABC の角の和より，㋐＝㋒＝ 180° －（56° ＋ 50°）＝ 74°　また，右図で，回転する前後で同じ辺より，BC ＝ BE なので，三角形 CBE は二等辺三角形となるから，㋓＝ 180° － 74° × 2 ＝ 32°　㋓の角も㋔の角もともに三角形 ABC を回転させた角の大きさで等しいので，㋔＝㋓＝ 32°　よって，三角形 ABF の角の和より，㋑＝ 180° －（32° ＋ 56°）＝ 92°

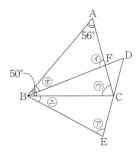

第7回

| 1 115 | 2 31.4 | 3 7 | 4 8128 | 5 （大人）750（円）　（こども）400（円） | 6 220 | 7 80（円） | 8 50 |
| 9 129（度） | 10 ㋐ 130（度）　㋑ 80（度） |

解　説

1 与式 ＝ 125 － 4 － 6 ＝ 115

2 与式 ＝ 3.14 ×（6 ÷ 2）＋ 3.14 ×（14 ÷ 2）＝ 3.14 × 3 ＋ 3.14 × 7 ＝ 3.14 ×（3 ＋ 7）＝ 3.14 × 10 ＝ 31.4

③ □×2−8＝4÷$\frac{2}{3}$＝6 より，□×2＝6＋8＝14 だから，□＝14÷2＝7

④ 1分＝60秒，1時間＝60×60＝3600（秒）より，2×3600＋15×60＋28＝8128（秒）

⑤ 大人，2＋3＝5（人）とこども，3＋2＝5（人）で入場すると，2700＋3050＝5750（円）かかるので，大人1人とこども1人で入場すると，5750÷5＝1150（円）かかる。よって，大人2人とこども2人で入場すると，1150×2＝2300（円）なので，大人1人の入場料は，3050−2300＝750（円）で，こども1人の入場料は，2700−2300＝400（円）

⑥ それぞれの場合において，りんごの数を15個にそろえる。りんご，5×3＝15（個）と，みかん，14×3＝42（個）で，2220×3＝6660（円）　りんご15個の値段は，みかん，8×5＝40（個）の値段より，20×5＝100（円）高いので，みかん，40＋42＝82（個）での値段は，6660−100＝6560（円）　よって，みかん1個の値段は，6560÷82＝80（円）で，りんご1個の値段は，(80×8＋20)÷3＝220（円）

⑦ 太郎君も花子さんもかご1つ分の代金は共通なので，代金の差はみかん3つ分の差である。9−6＝3（個）のみかんの代金は，840−600＝240（円）　よって，240÷3＝80（円）

⑧ 右図で，◎の角の大きさは，248°−180°＝68°だから，◎の角の大きさは，180°−(68°＋28°)＝84°　よって，◎の角の大きさは，180°−84°＝96°だから，◎の角の大きさは，180°−(96°＋34°)＝50°

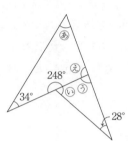

⑨ 右図の○と●の角の大きさの和は，180°−(55°＋31°＋43°)＝51°　よって，角◎＝180°−51°＝129°

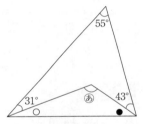

⑩ ○と●の角の大きさの和が50°なので，◎の角の大きさは，180°−50°＝130°　また，◎の角の大きさは，180°−50°×2＝80°

第8回

① $\frac{7}{17}$　② 170　③ 3　④ 木　⑤ 125　⑥ 50 (g)　⑦ 50　⑧ 1260　⑨ 135 (度)　⑩ 12 (度)

解説

① 与式＝1÷{2＋1÷(2＋1÷3)}＝1÷$\left\{2＋1÷\left(2＋\frac{1}{3}\right)\right\}$＝1÷$\left(2＋1÷\frac{7}{3}\right)$＝1÷$\left(2＋\frac{3}{7}\right)$＝1÷$\frac{17}{7}$＝$\frac{7}{17}$

② 与式＝17×2.9＋17×0.1×84−17×10×0.13＝17×2.9＋17×8.4−17×1.3＝17×(2.9＋8.4−1.3)＝17×10＝170

③ (12＋□)×5＝100−25＝75 より，12＋□＝75÷5＝15　よって，□＝15−12＝3

④ (31−23)＋31＋5＝44（日後）の曜日を考えることになる。1週間は7日なので，44÷7＝6あまり2よ

り，火曜日から始まる週が6回終わった後の2日後で，木曜日。

⑤ みかんの個数を30個にそろえると，りんご，5 × 3 = 15（個）とみかん30個で，925 × 3 = 2775（円）　りんご，3 × 2 = 6（個）とみかん30個で，825 × 2 = 1650（円）　よって，りんご1個の値段は，(2775 − 1650) ÷ (15 − 6) = 125（円）

⑥ 350 + 300 + 200 = 850（g）は，みかんの重さと箱3個の重さの和だから，箱，3 − 1 = 2（個）の重さの和は，850 − 750 = 100（g）　よって，箱1個の重さは，100 ÷ 2 = 50（g）

⑦ 写真だけを，17 × 2 = 34（枚）買ったとすると，代金は，70 × 17 = 1190（円）安くなって，2890 − 1190 = 1700（円）　よって，写真は1枚，1700 ÷ 34 = 50（円）

⑧ 九角形で，1つの頂点からひくことができる対角線の数は，9 − 3 = 6（本）なので，九角形は1つの頂点からひいた対角線で，6 + 1 = 7（つ）の三角形に分けることができる。よって，九角形の角の大きさの和は，180° × 7 = 1260°

⑨ 正八角形は，1つの頂点から出る対角線で6個の三角形に分けられるので，内角の和は，180° × 6 = 1080°　よって，1つの内角は，1080° ÷ 8 = 135°

⑩ 五角形の5つの角の大きさの和は，180° × (5 − 2) = 540°で，正五角形の1つの角の大きさは，540° ÷ 5 = 108°　六角形の6つの角の大きさの和は，180° × (6 − 2) = 720°で，正六角形の1つの角の大きさは，720° ÷ 6 = 120°　よって，アの角の大きさは，120° − 108° = 12°

第9回

① 16　② 2457　③ 6　④ 4（月）14（日）　⑤ （大人）1400（円）　（子ども）800（円）　⑥ 400g　⑦ 155（ページ）　⑧ 30（度）　⑨ 106（度）　⑩ 46（度）

解説

① 与式 = 12 + 24 ÷ 6 = 12 + 4 = 16

② 与式 = 3.51 × 826 − 3.51 × 264 + 3.51 × 138 = 3.51 × (826 − 264 + 138) = 3.51 × 700 = 2457

③ ☐ × 8 = 60 − 12 = 48 だから，☐ = 48 ÷ 8 = 6

④ 1回目は2日後なので，7回目は，2 + 7 × 6 = 44（日後）　よって，44 − (31 − 1) = 14 より，4月14日。

⑤ 大人1人と子ども1人の入園料の合計は，4400 ÷ 2 = 2200（円）　この金額と3800円との差の，3800 − 2200 = 1600（円）は，子ども，3 − 1 = 2（人）の入園料の合計なので，子ども1人の入園料は，1600 ÷ 2 = 800（円）で，大人1人の入園料は，2200 − 800 = 1400（円）

⑥ 箱の重さをのぞくと，商品Aが6個と商品Bが4個の重さの合計は，(2400 − 200) × 2 = 4400（g）　また，商品Aが2個と商品Bが4個の重さの合計は，3000 − 200 = 2800（g）なので，6 − 2 = 4（個）の商品Aの重さは，4400 − 2800 = 1600（g）　よって，商品A1個の重さは，1600 ÷ 4 = 400（g）

⑦ 3つの教科書のページ数の合計は，(328 + 322 + 340) ÷ 2 = 495（ページ）　よって，算数の教科書のページ数は，495 − 340 = 155（ページ）

⑧ 右図で，六角形は4つの三角形に分けることができるので，六角形の角の和は，180° × 4 = 720°　よって，正六角形の1つの角の大きさは，720° ÷ 6 = 120°　これより，右図のアの角の大きさは120°で，三角形ABCは二等辺三角形だから，求める角の大きさは，(180° − 120°) ÷ 2 = 30°

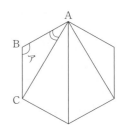

9 右図で，三角形の角より，イの角とウの角を合わせた大きさは，180° − (42° + 29° + 35°) = 74°　よって，エの角の大きさは，180° − 74° = 106°　直線が交わってできる角の性質より，アの角とエの角の大きさは等しいので，アの角の大きさは106°。

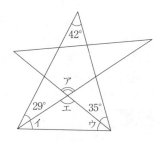

10 右図で，①の角と②の角の大きさの和も，②の角と32°と23°の和も180°なので，①の角の大きさは，32° + 23° = 55°　同様に，③の角と④の角の大きさの和も，④の角と39°と40°の和も180°なので，③の角の大きさは，39° + 40° = 79°　よって，②の角の大きさは，180° − (55° + 79°) = 46°

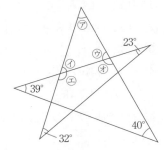

第10回

1 119　2 2017　3 $\frac{5}{12}$　4 300　5 55　6 118　7 160 (m)　8 30 (cm²)　9 22.5 (cm²)

10 5 (cm²)

解　説

1 与式 = (17 − 1) × 289 ÷ 17 − 9 × 17 = 16 × 17 − 9 × 17 = (16 − 9) × 17 = 7 × 17 = 119

2 与式 = 201.7 × 20 − 201.7 − 201.7 × 9 = 201.7 × (20 − 1 − 9) = 201.7 × 10 = 2017

3 3 ÷ ☐ ÷ 4 = 2 − $\frac{1}{5}$ = $\frac{9}{5}$　だから，3 ÷ ☐ = $\frac{9}{5}$ × 4 = $\frac{36}{5}$　よって，☐ = 3 ÷ $\frac{36}{5}$ = $\frac{5}{12}$

4 1 L = 1000mL，1 km = 1000m だから，車はガソリン 1 mL で，11000 ÷ 1000 = 11 (m) 走る。よって，3300m 走るのに必要なガソリンの量は，3300 ÷ 11 = 300 (mL)

5 2枚の数字のうち，大きい方の数字は，(16 + 6) ÷ 2 = 11，小さい方の数字は，16 − 11 = 5　よって，2枚の数字の積は，11 × 5 = 55

6 小さい方の数の2倍が，2138 − 1902 = 236　よって，236 ÷ 2 = 118

7 A の走った道のりを40m長くして，C の走った道のりを60m短くすると，3人が走った道のりの合計は B の走った道のりの3倍になる。このときの道のりの合計は，500 + 40 − 60 = 480 (m)だから，B が走った道のりは，480 ÷ 3 = 160 (m)

8 影のついていない部分は底辺が10cm，高さが6 cm の三角形なので，面積は，10 × 6 ÷ 2 = 30 (cm²)　影の部分と影のついていない部分の面積は等しいので，30cm²。

9 長方形の面積は，6 × 10 = 60 (cm²)　影のついていない3つの直角三角形の面積の和は，6 × (10 − 5) ÷ 2 + 5 × (6 − 3) ÷ 2 + 10 × 3 ÷ 2 = 37.5 (cm²)　よって，影の部分の面積は，60 − 37.5 = 22.5 (cm²)

10 右図のように三角形を長方形で囲むと，長方形の面積は，3 × 4 = 12 (cm²)　この長方形の中にある3つの直角三角形の面積の和は，2 × 2 ÷ 2 + 4 × 1 ÷ 2 + 2 × 3 ÷ 2 = 7 (cm²)　よって，求める三角形の面積は，12 − 7 = 5 (cm²)

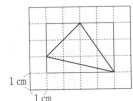

1 cm
1 cm

第11回

---

　①　20　　②　2018　　③　3　　④　4.7　　⑤　66（cm）　　⑥　406　　⑦　18（歳）　　⑧　2.4（cm）　　⑨　12（cm²）

　⑩　30（cm²）

解　説

①　与式 = 13 + (49 − 42) = 13 + 7 = 20

②　与式 = 2018 × 2 − 2018 × 0.1 − 2018 × 0.9 = 2018 × (2 − 0.1 − 0.9) = 2018 × 1 = 2018

③　(17 + □) ÷ 2 = 12 − 2 = 10 より，17 + □ = 10 × 2 = 20 だから，□ = 20 − 17 = 3

④　その 3 割の重さが 1410g である重さは，1410 ÷ 0.3 = 4700（g）　1kg = 1000g より，これは，4700 ÷ 1000 = 4.7（kg）

⑤　最も短いひもの 4 倍の長さが，300 − 6 − 6 × 2 − 6 × 3 = 264（cm）　よって，求める長さは，264 ÷ 4 = 66（cm）

⑥　連続する 5 つの整数の中で最も大きい数を A とすると，5 つの整数は，(A − 4)，(A − 3)，(A − 2)，(A − 1)，A と表されるので，A の 5 倍は，2020 + 4 + 3 + 2 + 1 = 2030　よって，5 つの整数の中で最も大きい数は，2030 ÷ 5 = 406

⑦　A さんは C さんより，4 + 3 = 7（歳）年上なので，43 + 4 + 7 = 54（歳）は A さんの年れいの 3 倍となる。よって，A さんの年れいは，54 ÷ 3 = 18（歳）

⑧　三角形の面積は，4 × 3 ÷ 2 = 6（cm²）　この三角形の面積は，底辺 5cm，高さ h cm と考えても求められるので，h = 6 × 2 ÷ 5 = 2.4（cm）

⑨　底辺が，5 + 3 = 8（cm），高さが 4cm の三角形から，底辺が 8cm，高さが，4 − 3 = 1（cm）の三角形を取り除いた図形だから，求める面積は，8 × 4 ÷ 2 − 8 × 1 ÷ 2 = 12（cm²）

⑩　底辺の長さと高さがともに等しい三角形は面積も等しいので，右図で，三角形 FGH と三角形 DGH，三角形 EBG と三角形 DBG の面積はそれぞれ等しい。よって，斜線部分の面積は，三角形 DBC の面積と等しいので，10 × 6 ÷ 2 = 30（cm²）

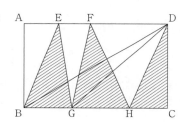

第12回

---

　①　55　　②　0　　③　3　　④　150　　⑤　2　　⑥　A. 39（kg）　B. 34（kg）　C. 32（kg）　　⑦　369（cm²）　　⑧　12

　⑨　182（cm²）　　⑩　40（cm²）

解　説

①　与式 = 51 + 4 = 55

②　与式 = 20.18 × 50 − 20.18 × 7 − 20.18 × 43 = 20.18 × (50 − 7 − 43) = 20.18 × 0 = 0

③　$5 + □ ÷ \frac{1}{3} = 10 + 4 = 14$ より，$□ ÷ \frac{1}{3} = 14 − 5 = 9$ だから，$□ = 9 × \frac{1}{3} = 3$

④　$3 時間 20 分 = 3\frac{20}{60} 時間 = \frac{10}{3} 時間$ だから，$45 × \frac{10}{3} = 150$（km）

⑤　2 人の持っているアメの個数の合計は，80 + 60 = 140（個）だから，弟の持っているアメの方が 12 個多くな

るとき，兄の持っているアメの個数は，$(140 - 12) \div 2 = 64$（個）　よって，兄が弟にわたしたアメの個数は，$80 - 64 = 16$（個）となるから，その割合は，$16 \div 80 \times 10 = 2$（割）

6　Bの体重は，$(105 - 5 + 2) \div 3 = 34$（kg）　よって，Aの体重は，$34 + 5 = 39$（kg）　Cの体重は，$34 - 2 = 32$（kg）

7　この長方形のたてと横の長さの和は，$100 \div 2 = 50$（cm）だから，たての長さは，$(50 - 32) \div 2 = 9$（cm），横の長さは，$50 - 9 = 41$（cm）　よって，面積は，$9 \times 41 = 369$（cm^2）

8　左の三角形は，底辺が左の長方形の横の長さで，高さが左の長方形のたての長さなので，面積は左の長方形の面積の半分。同様に，右の三角形の面積は右の長方形の面積の半分なので，かげをつけた部分の面積は，全体の長方形の面積の半分で，$3 \times 8 \div 2 = 12$（cm^2）

9　右の図で，ADを左右2つの三角形の底辺として考える。ADの長さは，$15 - 2 = 13$（cm）なので、底辺が13cmで高さが13cmの左の三角形と，底辺が13cmで高さが15cmの右の三角形の面積の和を求めればよい。よって，$13 \times 13 \div 2 + 13 \times 15 \div 2 = 182$（cm^2）

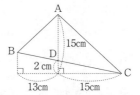

10　白い部分の三角形を右図のように変形しても面積は変わらない。よって，斜線部分の面積は，$6 \times 10 - 10 \times (6 - 2) \div 2 = 40$（cm^2）

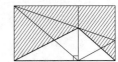

第13回

1 6　2 2077.92　3 $\dfrac{2}{3}$　4 9　5 1600（円）　6 320（cm）　7 8　8 21（cm^2）　9 7.2

10 18（cm^2）

解 説

1　与式 $= 8 - 2 = 6$

2　与式 $= 4.68 \times 777 - 4.68 \times 10 \times 55.5 + 4.68 \times 0.1 \times 2220 = 4.68 \times (777 - 555 + 222) = 4.68 \times 444 = 2077.92$

3　$\dfrac{13}{42} \div \left(\boxed{} + \dfrac{3}{2} \right) = \dfrac{1}{7}$ より，$\boxed{} + \dfrac{3}{2} = \dfrac{13}{42} \div \dfrac{1}{7} = \dfrac{13}{6}$　よって，$\boxed{} = \dfrac{13}{6} - \dfrac{3}{2} = \dfrac{2}{3}$

4　10は $\dfrac{5}{6}$ の，$10 \div \dfrac{5}{6} = 12$（倍）なので，$\boxed{} = \dfrac{3}{4} \times 12 = 9$

5　弟の持っているお金を1とすると，兄は弟より，$4 - 1 = 3$だけ多く持っている。これが1200円にあたるので，弟の持っているお金は，$1200 \div 3 = 400$（円）　よって，兄が持っているお金は，$400 \times 4 = 1600$（円）

6　短いほうのひもの長さを1とすると，長いほうのひもは1.5と表せる。よって，$800 \div (1 + 1.5) = 320$（cm）

7　もし，みかんが3個少なかったとすると，みかんの個数はりんごの個数のちょうど3倍になり，みかんとりんごの個数の合計は，$35 - 3 = 32$（個）になる。このとき，りんごの個数は，みかんとりんごの個数の合計の，$\dfrac{1}{3 + 1} = \dfrac{1}{4}$ になるから，りんごの個数は，$32 \times \dfrac{1}{4} = 8$（個）

8　底辺が3cm，高さが7cmの平行四辺形なので，$3 \times 7 = 21$（cm^2）

9　平行四辺形の面積は，$8 \times 9 = 72$（cm^2）だから，求める長さは，$72 \div 10 = 7.2$（cm）

10　斜線部分は，底辺が4cmで，高さが，$3 + 2 = 5$（cm）の三角形と，底辺が2cmで，高さが，$4 + 4 = 8$（cm）の三角形を組み合わせた図形。よって，$4 \times 5 \div 2 + 2 \times 8 \div 2 = 18$（cm^2）

第14回

☐ ① 101　② 403.6　③ 6　④（姉）39（個）　（弟）26（個）　⑤ 600（円）　⑥ 6（本）　⑦ 30　⑧ 40（cm²）
⑨ 96　⑩ 72

解 説

① 与式 = 77 +（98 − 90）÷ 2 × 6 = 77 + 24 = 101

② 与式 = 2018 × 0.125 − 2018 × 0.075 + 2018 × 0.15 = 2018 ×（0.125 − 0.075 + 0.15）= 2018 × 0.2 = 403.6

③ 0.4 × 9 ÷ 2 = 1.8 より，☐ × 0.7 = 6 − 1.8 = 4.2 だから，☐ = 4.2 ÷ 0.7 = 6

④ 姉がもらえるのは，$65 × \dfrac{3}{3 + 2} = 39$（個）で，弟は，65 − 39 = 26（個）

⑤ A の受け取る金額は C の，2 × 2.5 = 5（倍）　よって，C が受け取るのは，4800 ÷（5 + 2 + 1）= 600（円）

⑥ 姉と妹のバラの本数の合計は，33 + 10 = 43（本）だから，姉のバラの本数が妹のバラの本数の 2 倍より 5 本少なくなるとき，妹のバラの本数は，（43 + 5）÷（2 + 1）= 16（本）　よって，姉から妹に，16 − 10 = 6（本）わたせばよい。

⑦ A の，$1 + \dfrac{2}{3} + \dfrac{1}{2} = \dfrac{13}{6}$（倍）にあたる個数が，100 − 9 = 91（個）だから，A が受け取った個数は，$91 ÷ \dfrac{13}{6} = 42$（個）　よって，C が受け取った個数は，$42 × \dfrac{1}{2} + 9 = 30$（個）

⑧ 右図のように分けると，影のついた部分は，底辺が 6 cm，高さが 8 cm の三角形と，底辺が 8 cm，高さが 4 cm の三角形に分けられる。よって，影のついた部分の面積は，6 × 8 ÷ 2 + 8 × 4 ÷ 2 = 40（cm²）

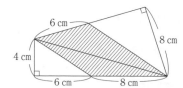

⑨ 道の形も平行四辺形で，面積が 24m² だから，道はばの 3 m を底辺とすると，高さは，24 ÷ 3 = 8（m）　よって，土地全体の面積は，15 × 8 = 120（m²）だから，花だんの面積は，120 − 24 = 96（m²）

⑩ 右側のしゃ線部分を 3 cm 左に移動すると，しゃ線部分は，底辺が，12 − 3 = 9（cm），高さが 8 cm の平行四辺形になるので，その面積は，9 × 8 = 72（cm²）

第15回

☐ ① 7　② 13　③ 8　④ 12　⑤ 4500（円）　⑥ 442　⑦ 910（円）　⑧ 48　⑨ 12（cm）　⑩ 24（cm²）

解 説

① 与式 = 21 − 14 = 7

② 与式 = 2.6 × 5.21 −（2.6 × 2 − 2.6 × 1.79）= 2.6 × 5.21 − ｛2.6 ×（2 − 1.79）｝= 2.6 × 5.21 − 2.6 × 0.21 = 2.6 ×（5.21 − 0.21）= 2.6 × 5 = 13

③ $\dfrac{1}{☐} = \dfrac{43}{56} - \dfrac{1}{2} - \dfrac{1}{7} = \dfrac{43}{56} - \dfrac{28}{56} - \dfrac{8}{56} = \dfrac{7}{56} = \dfrac{1}{8}$ だから，☐ = 8

④ 比の数の和の，2 + 3 + 4 = 9 が 36 枚にあたるので，$36 × \dfrac{3}{9} = 12$（枚）

5 500 円硬貨と 50 円硬貨を 100 円硬貨と同じ枚数にすると，合計，30 + 10 + 5 = 45（枚）となる。よって，100 円硬貨は，45 ÷ 3 = 15（枚）だから，合計金額は，100 × 15 + 500 ×（15 − 10）+ 50 ×（15 − 5）= 4500（円）

6 A は B の 2 倍より 12 大きい整数で，B が C の 5 倍だから，A は C の，2 × 5 = 10（倍）より 12 大きい整数。よって，A と B と C の和は，C の，10 + 5 + 1 = 16（倍）より 12 大きい整数なので，C は，（700 − 12）÷ 16 = 43 で，A は，43 × 10 + 12 = 442

7 B 君の所持金は A 君の 3 倍より 100 円多いので，B 君の所持金の 2 倍は，A 君の，3 × 2 = 6（倍）より，100 × 2 = 200（円）多いことになり，C 君の所持金は A 君の 6 倍より，500 − 200 = 300（円）少ないことになる。よって，3 人の所持金の合計は，A 君の所持金の，1 + 3 + 6 = 10（倍）より，300 − 100 = 200（円）少ないことになるから，A 君の所持金は，（2500 + 200）÷ 10 = 270（円）で，B 君の所持金は，270 × 3 + 100 = 910（円）

8 斜線のない部分の面積は，8 × 6 ÷ 2 = 24（cm²）なので，この三角形の高さ，つまり，図形全体の台形の高さは，24 × 2 ÷ 10 = 4.8（cm）　よって，斜線部分の面積は，（20 + 10）× 4.8 ÷ 2 − 24 = 48（cm²）

9 たてが 8 cm，横が ㋐ の長方形の面積は，たてが 8 cm，横が 3 cm の長方形の，5 − 1 = 4（倍）なので，8 × 3 × 4 = 96（cm²）　よって，㋐ の長さは，96 ÷ 8 = 12（cm）

10 右図のアの長さは，20 ÷ 4 = 5（cm），イの長さは，8 − 5 = 3（cm）より，ウの長さは，21 ÷ 3 = 7（cm）　よって，エの長さは，4 + 7 − 7 = 4（cm）で，オの長さは，28 ÷ 7 = 4（cm）なので，カの長さは，10 − 4 = 6（cm）となり，求める面積は，6 × 4 = 24（cm²）

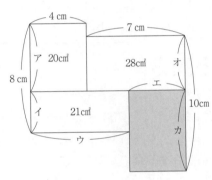

第16回

| 1 41 | 2 3630 | 3 $\frac{3}{2}$ | 4 61 | 5 770 | 6 65 | 7 945（円） | 8 50.653 | 9 62.92 | 10 24 |

解 説

1 与式 = 30 + 36 − 25 = 41

2 与式 =（11 × 11）+（2 × 11 × 2 × 11）+（3 × 11 × 3 × 11）+（4 × 11 × 4 × 11）= 121 + 4 × 121 + 9 × 121 + 16 × 121 =（1 + 4 + 9 + 16）× 121 = 30 × 121 = 3630

3 4 + 3 ÷ ☐ × 4 = 12 より，3 ÷ ☐ × 4 = 12 − 4 = 8　よって，3 ÷ ☐ = 8 ÷ 4 = 2 より，☐ = 3 ÷ 2 = $\frac{3}{2}$

4 30 回のテストの合計点は，60 × 30 = 1800（点）で，最初の 12 回の合計点は，58.5 × 12 = 702（点）　よって，残り 18 回の平均点は，（1800 − 702）÷ 18 = 61（点）

5 2 人の所持金の合計は変わらないから，比の和を，11 + 4 = 15 と，2 + 1 = 3 の最小公倍数である 15 にそろえて，2 : 1 = 10 : 5 より，11 : 4 と 10 : 5 における，11 − 10 = 1 が 70 円にあたる。よって，はじめに姉が持っていたお金は，70 × 11 = 770（円）

6 入っている玉の数の合計は変わらないので，比の数の和を，3 + 5 = 8 と，11 + 15 = 26 の最小公倍数の 104 にそろえると，最初の赤玉と白玉の個数の比は，（3 × 13）:（5 × 13）= 39 : 65 で，入れかえた後の赤玉と白

玉の個数の比は，$(11 \times 4):(15 \times 4) = 44:60$　これらの比の 1 にあたる個数が，$5 \div (44 - 39) = 1$（個）なので，最初に袋に入っていた白玉の個数は，$1 \times 65 = 65$（個）

⑦ A君がB君に 120 円あげても 2 人の所持金の和は変わらないから，比の和の，$7 + 4 = 11$ と，$5 + 4 = 9$ を最小公倍数の 99 にそろえると，はじめの所持金の比は，$(7 \times 9):(4 \times 9) = 63:36$，$120$ 円あげたあとの所持金の比は，$(5 \times 11):(4 \times 11) = 55:44$　よって，A君のはじめの所持金は，$120 \times \dfrac{63}{63 - 55} = 945$（円）

⑧ $3.7 \times 3.7 \times 3.7 = 50.653$（cm³）

⑨ $(2.2 \times 3.3 + 3.3 \times 4.4 + 4.4 \times 2.2) \times 2 = (7.26 + 14.52 + 9.68) \times 2 = 31.46 \times 2 = 62.92$（cm²）

⑩ この直方体は，体積が，$12 \times 12 \times 12$（cm³）で，底面積が，6×12（cm²）なので，高さは，$(12 \times 12 \times 12) \div (6 \times 12) = 24$（cm）

第17回

① 2.185	② 1700	③ 15	④ 540	⑤ 1500（円）	⑥ 23（人）	⑦ 2.52	⑧ 0.006	⑨ 216（L）
⑩ （順に）60, 104								

解 説

① 与式 $= 7.74 - 5.555 = 2.185$

② 与式 $= 17 \times 93 + 17 \times 3 \times 13 - 17 \times 2 \times 16 = 17 \times (93 + 39 - 32) = 17 \times 100 = 1700$

③ $(\boxed{} - 7) \div 4 = 12 - 10 = 2$ より，$\boxed{} - 7 = 2 \times 4 = 8$　よって，$\boxed{} = 8 + 7 = 15$

④ 1 年生全体の，$30 - 15 = 15$（%）が 81 人にあたる。よって，$81 \div 0.15 = 540$（人）

⑤ 父親から 300 円ずつもらっても，AさんとBさんの所持金の差は変わらない。よって，比の差を 2 にそろえると，はじめのAさんとBさんの所持金の比は $5:3$，父親から 300 円ずつもらったあとの所持金の比は，$3:2 = 6:4$　したがって，はじめのAさんの所持金は，$300 \times \dfrac{5}{6 - 5} = 1500$（円）

⑥ 残ったペンとえんぴつの本数の差は，はじめのペンとえんぴつの本数の差と同じだから，$136 - 127 = 9$（本）これが比の，$7 - 4 = 3$ にあたるので，残ったペンの本数は，$9 \div 3 \times 7 = 21$（本）で，配ったペンの本数は，$136 - 21 = 115$（本）　よって，子どもの人数は，$115 \div 5 = 23$（人）

⑦ たてと横の長さの差は変わらないので，比の数の差を，$7 - 4 = 3$ と，$3 - 2 = 1$ の最小公倍数の 3 にそろえると，最後のたてと横の長さの比は，$(2 \times 3):(3 \times 3) = 6:9$　この比の，$9 - 7 = 2$ にあたる長さが 0.6 m なので，1 にあたる長さは，$0.6 \div 2 = 0.3$（m）　よって，もとのたての長さは，$0.3 \times 4 = 1.2$（m），横の長さは，$0.3 \times 7 = 2.1$（m）なので，面積は，$1.2 \times 2.1 = 2.52$（m²）

⑧ $20 \times 30 \times 10 = 6000$（cm³）で，$1000000$ cm³ $= 1$ m³ より，0.006 m³。

⑨ $0.6 \times 0.6 \times 0.6 = 0.216$（m³）より，$0.216 \times 1000 = 216$（L）

⑩ 体積は，$5 \times 2 \times 6 = 60$（cm³）　また，底面積は，$5 \times 2 = 10$（cm²）で，側面積は，$6 \times (5 + 2 + 5 + 2) = 84$（cm²）　よって，表面積は，$84 + 10 \times 2 = 104$（cm²）

第18回

---

① 0.85　② 1690　③ $\frac{1}{2}$　④ 381　⑤ 720　⑥ 3000（円）　⑦ 2000（円）　⑧ 312（cm³）

⑨ 460（cm²）　⑩（表面積）94（cm²）　（体積）56（cm³）

解 説

② 与式 = 13 × 4 × 23 − 13 × 25 + 13 × 3 × 21 = 13 × 92 − 13 × 25 + 13 × 63 = 13 × (92 − 25 + 63) = 13 × 130 = 1690

③ (3 − □) ÷ $\frac{3}{8}$ = 8 − 1$\frac{1}{3}$ = $\frac{20}{3}$ より，3 − □ = $\frac{20}{3}$ × $\frac{3}{8}$ = $\frac{5}{2}$ だから，□ = 3 − $\frac{5}{2}$ = $\frac{1}{2}$

④ 20 * 19 = 20 + 20 × 19 − 19 = 20 × (1 + 19) − 19 = 20 × 20 − 19 = 381

⑤ 妹の所持金は変わらないから，妹の比の数を3にそろえると，2 : 1 = 6 : 3 より，妹の所持金は，240 ÷ (7 − 6) × 3 = 720（円）

⑥ 弟の持っているお金は変わらないので，弟の比の数を15にそろえると，5 : 3 = 25 : 15，8 : 5 = 24 : 15 より，兄の使った200円は，これらの比の，25 − 24 = 1 にあたる。よって，弟の持っているお金は，200 × 15 = 3000（円）

⑦ 姉の所持金は変わらないので，弟が750円もらったことで，所持金の比が，8 : 5 から 8 : 8 に変わったと考えることができる。これより，8 − 5 = 3 が 750円にあたるから，姉の所持金は，750 × $\frac{8}{3}$ = 2000（円）

⑧ たてが8cm，横が7cm，高さが9cmの直方体から，たてが8cm，横が，7 − 3 = 4（cm），高さが6cmの直方体を取りのぞいた立体。よって，8 × 7 × 9 − 8 × 4 × 6 = 312（cm³）

⑨ 上下から見ると，10 × 10 = 100（cm²）の正方形が見える。また，左右から見ると，8 × 10 = 80（cm²）の長方形が見える。そして，前後から見ると，8 × 10 − (8 − 3) × 6 = 50（cm²）の図形が見える。よって，表面積は，(100 + 80 + 50) × 2 = 460（cm²）

⑩ まず，右図のような6方向から見ると，すべての面が過不足なく見える。上下から見るとたて4cm，横5cmの長方形に見え，前後から見ると，たて3cm，横5cmの長方形に見え，左右から見ると，たて3cm，横4cmの長方形に見える。よって，表面積は，4 × 5 × 2 + 3 × 5 × 2 + 3 × 4 × 2 = 94（cm²）　次に，一部を取り除く前の直方体の体積は，4 × 5 × 3 = 60（cm³），取り除いた立体は直方体で，体積は，2 × 2 × 1 = 4（cm³）だから，求める立体の体積は，60 − 4 = 56（cm³）

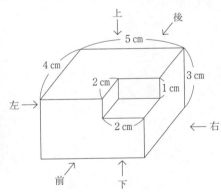

第19回

---

① $\frac{1}{32}$　② 5070　③ 4　④（りんご）2（個）　（なし）3（個）　⑤ 17　⑥ 14　⑦ 5　⑧ 86　⑨ 9.85（cm²）

⑩ 18.28（cm）

解 説

① 与式 = $\left(\frac{11}{8} × \frac{2}{5} − \frac{7}{8} × \frac{3}{5}\right)$ × $\frac{1}{2}$ × $\frac{5}{2}$ = $\left(\frac{22}{40} − \frac{21}{40}\right)$ × $\frac{1}{2}$ × $\frac{5}{2}$ = $\frac{1}{40}$ × $\frac{1}{2}$ × $\frac{5}{2}$ = $\frac{1}{32}$

② 与式 = 13 × 13 × 2 + 13 × 2 × 13 × 3 + 13 × 3 × 13 × 4 + 13 × 5 × 13 × 6 − 13 × 4 × 13 × 5 = 13

× 13 × 2 + 13 × 13 × 6 + 13 × 13 × 12 + 13 × 13 × 30 − 13 × 13 × 20 = 13 × 13 ×（2 + 6 + 12 + 30 − 20）= 169 × 30 = 5070

3 $\frac{3}{8} \div \frac{1}{8} \times \frac{1}{4} \div \frac{3}{5} \times$ ［　　　］ = 5 だから，$\frac{5}{4} \times$ ［　　　］ = 5　よって，［　　　］ = 5 ÷ $\frac{5}{4}$ = 4

4 りんごとなしを余りが出ないように生徒に配るには，生徒の人数はそれぞれの個数の公約数でないといけない。できるだけ多くの生徒にしようとすると，生徒の人数は最大公約数にすればよい。生徒の人数は，36 と 54 の最大公約数である 18 人。よって，1 人分の個数は，りんごは，36 ÷ 18 = 2（個），なしは，54 ÷ 18 = 3（個）

5 11 年前の姉と妹の年令の比は 3：1　この比の差 2 が 4 才なので，11 年前の姉の年令は，4 × $\frac{3}{2}$ = 6（才）よって，現在の姉の年令は，6 + 11 = 17（才）

6 ［　　　］年前の母と私の年齢の比は 4：1。年齢の差は変わらないので，比の差の，4 − 1 = 3 が，46 − 22 = 24（才）にあたるから，当時の私の年齢は，24 ÷ 3 = 8（才）　よって，22 − 8 = 14（年前）

7 兄と妹の年れいの和の 2 倍が父の年れいと等しくなればよい。現在の兄と妹の年れいの和の 2 倍は，（8 + 4）× 2 = 24（才）で，現在の父の年れいより，39 − 24 = 15（才）少ない。兄と妹の年れいの和の 2 倍は 1 年に，2 × 2 = 4（才）ずつ増え，父の年れいは 1 年に 1 才ずつ増えるので，この差は 1 年に，4 − 1 = 3（才）ずつ縮まる。よって，父の年れいが，子ども 2 人の年れいの和の 2 倍になるのは，15 ÷ 3 = 5（年後）

8 かげをつけた部分は，1 辺の長さが 20cm の正方形から，半径が，20 ÷ 2 = 10（cm）の半円を 2 個取った図形。1 辺の長さが 20cm の正方形の面積は，20 × 20 = 400（cm²）　半径が 10cm の半円 2 個は組み合わせると，半径 10cm の円になるので，その面積は，10 × 10 × 3.14 = 314（cm²）　よって，かげをつけた部分の面積は，400 − 314 = 86（cm²）

9 右図のように太線で分けると，半径 1 cm で中心角 90°のおうぎ形，半径 2 cm で中心角 90°のおうぎ形，1 辺 1 cm の正方形それぞれ 2 つずつに分けることができる。よって，（1 × 1 × 3.14 ÷ 4 + 2 × 2 × 3.14 ÷ 4 + 1 × 1）× 2 = 9.85（cm²）

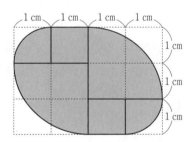

10 直線部分の長さは，4 × 3 = 12（cm）で，曲線部分の長さは，2 × 2 × 3.14 ÷ 2 = 6.28（cm）　よって，12 + 6.28 = 18.28（cm）

第 20 回

1 224　2 11000　3 $\frac{1}{2}$　4 2016　5 15（年後）　6 14（年後）　7 9（才）　8 57（cm²）　9 20.52
10 41.4（cm）

解　説

1 与式 = 190 + 34 = 224

2 与式 = 11 × 2 × 460 + 11 × 30 × 72 − 11 × 400 × 5.2 = 11 ×（920 + 2160 − 2080）= 11 × 1000 = 11000

3 90 − 11 ÷ ［　　　］ = 68 より，11 ÷ ［　　　］ = 90 − 68 = 22　よって，［　　　］ = 11 ÷ 22 = $\frac{1}{2}$

4 2019 ÷ 7 = 288 あまり 3 なので，2019 の前後の 7 の倍数は，2019 − 3 = 2016 と，2016 + 7 = 2023　よっ

て，2019 にもっとも近い 7 の倍数は 2016。

⑤ 父とななこさんの年齢の差は，36 − 2 = 34（才）で変わらない。父の年齢がななこさんの年齢の 3 倍になるとき，ななこさんの年齢の，3 − 1 = 2（倍）が 34 才になるので，このときのななこさんの年齢は，34 ÷ 2 = 17（才）で，これは今から，17 − 2 = 15（年後）

⑥ 4 年前の 2 人の年齢の和は，53 − 4 × 2 = 45（才）なので，4 年前のお父さんの年齢は，$45 ÷ \left(1 + \dfrac{1}{4}\right) = 36$（才）で，現在のお父さんの年齢は，36 + 4 = 40（才），私の年齢は，53 − 40 = 13（才）　よって，お父さんの年齢が私の年齢の 2 倍になるのは，私が，(40 − 13) ÷ (2 − 1) = 27（才）になるときだから，27 − 13 = 14（年後）

⑦ 現在の子どもの年れいを①とする。3 年後の母の年れいは(⑤+ 3)才，子どもの年れいは(①+ 3)才と表せる。よって，(①+ 3) × 4 =④+ 12 が 3 年後の母と同じ年れいなので，①= 12 − 3 = 9（才）

⑧ 斜線部分の半分の面積は，10 × 10 × 3.14 ÷ 4 − 10 × 10 ÷ 2 = 28.5（cm²）　よって，28.5 × 2 = 57（cm²）

⑨ 右図のように，かげをつけた部分の一部を移動しても面積は変わらない。大きい半円の半径は，12 ÷ 6 = 6（cm）だから，求める面積は，6 × 6 × 3.14 ÷ 2 − 12 × 6 ÷ 2 = 20.52（cm²）

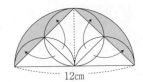
12cm

⑩ 斜線部分の周の長さは，$10 × 3.14 × \dfrac{1}{2} + 10 × 2 × 3.14 × \dfrac{1}{4} + 10 = 41.4$（cm）

第 21 回

① 75　② 8.08　③ $\dfrac{8}{3}$　④ 2129　⑤ 38　⑥ 11（才）　⑦ 12（さい）　⑧ 9.42（cm²）　⑨ 14.13
⑩ 51.4（cm）

解　説

① 与式 = 8.5 × 12.5 − 6.5 × 12.5 + 20 × 2.5 = (8.5 − 6.5) × 12.5 + 50 = 25 + 50 = 75

② 与式 = 2.02 × 2.91 + 2.02 × 1.09 = 2.02 ×(2.91 + 1.09) = 2.02 × 4 = 8.08

③ $4 + \boxed{} ÷ 2 = \dfrac{8}{3} ÷ \dfrac{1}{2} = \dfrac{16}{3}$ より，$\boxed{} ÷ 2 = \dfrac{16}{3} − 4 = \dfrac{4}{3}$　よって，$\boxed{} = \dfrac{4}{3} × 2 = \dfrac{8}{3}$

④ 1 cm = 10mm，1 m = 100cm だから，与式 = 70cm + 2090cm − 31cm = 2129cm

⑤ 16 年後の父と息子の年れいの合計は，40 + 16 × 2 = 72（才）　16 年後の息子と父の年れいの比は 1：3 なので，16 年後の父の年れいは，$72 × \dfrac{3}{1 + 3} = 54$（才）　よって，父の現在の年れいは，54 − 16 = 38（才）

⑥ ゆうき君もお兄さんも年れいは 7 年で 7 才増えるので，7 年後のゆうき君とお兄さんの年れいの和は，28 + 7 × 2 = 42（才）　このときのゆうき君とお兄さんの年れいの比が 3：4 なので，比の 1 にあたる年れいが，42 ÷ (3 + 4) = 6（才）で，このときのゆうき君の年れいは，6 × 3 = 18（才）　よって，今のゆうき君の年れいは，18 − 7 = 11（才）

⑦ 父は，(84 + 6) ÷ 2 = 45（さい）で，兄は，$45 × \dfrac{1}{3} = 15$（さい）　きょうこさんは，15 − 3 = 12（さい）

⑧ 半径 2 cm の円の面積から，半径 1 cm の円の面積をひけばよいので，2 × 2 × 3.14 − 1 × 1 × 3.14 = 9.42（cm²）

⑨ 色をつけた部分は，半径 6 cm，中心角 90° のおうぎ形から，半径，6 ÷ 2 = 3（cm）の半円を取り去った図形。

よって，面積は，$6 \times 6 \times 3.14 \times \dfrac{90}{360} - 3 \times 3 \times 3.14 \div 2 = 9 \times 3.14 - \dfrac{9}{2} \times 3.14 = 14.13 \, (\mathrm{cm}^2)$

10 右図のように区切ると，太線の長さは，$5 \times 2 \times 3.14 \times \dfrac{1}{2} \times 2 + 5 \times 2 \times 2 =$

$51.4 \, (\mathrm{cm})$

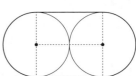

第22回

---

1 2.9　　2 31.4　　3 10　　4 1918　　5 480（円）　　6 120　　7 440　　8 18（cm³）　　9 280（cm³）

10 72（cm²）

解　説

1 与式 $= 2.5 \times 1.16 = 2.9$

2 与式 $= 12 \times 3.14 + 6 \times 3.14 - 8 \times 3.14 = (12 + 6 - 8) \times 3.14 = 31.4$

3 $9 - \boxed{} \times \dfrac{1}{2} = 48 \div 12 = 4$ より，$\boxed{} \times \dfrac{1}{2} = 9 - 4 = 5$　よって，$\boxed{} = 5 \div \dfrac{1}{2} = 10$

4 1.5kg は，$1000 \times 1.5 = 1500 \, (\mathrm{g})$ で，840000mg は，$840000 \div 1000 = 840 \, (\mathrm{g})$ なので，与式 $= 1500\mathrm{g} -$
422g $+ 840\mathrm{g} = 1918 \, (\mathrm{g})$

5 はじめに持っていたお金の，$1 - \dfrac{4}{7} = \dfrac{3}{7}$ が，はじめに持っていたお金の $\dfrac{1}{2}$ より 60 円少ないので，はじめ
に持っていたお金の，$\dfrac{1}{2} - \dfrac{3}{7} = \dfrac{1}{14}$ が 60 円。よって，はじめに持っていたお金は，$60 \div \dfrac{1}{14} = 840 \, (\text{円})$ で，
ケーキの値段は，$840 \times \dfrac{4}{7} = 480 \, (\text{円})$

6 学年全体の人数は，$90 \div \dfrac{3}{7} = 210 \, (\text{人})$ なので，女子の人数は，$210 - 90 = 120 \, (\text{人})$

7 残りのページ数を考えると，1 日目は全体の $\dfrac{5}{8}$ が残り，2 日目は残りの $\dfrac{2}{5}$ が残り，3 日目は 2 日目の残りの
$\dfrac{1}{2}$ が残るので，全体の，$1 \times \dfrac{5}{8} \times \dfrac{2}{5} \times \dfrac{1}{2} = \dfrac{1}{8}$ となる。これが 55 ページにあたるので，この本のページ
数は，$55 \div \dfrac{1}{8} = 440 \, (\text{ページ})$

8 柱体の体積は，（底面積）×（高さ）で求まる。この三角柱は，底面積が，$3 \times 2 \div 2 = 3 \, (\mathrm{cm}^2)$ で，高さが 6cm
なので，体積は，$3 \times 6 = 18 \, (\mathrm{cm}^3)$

9 底面積は，$7 \times 4 = 28 \, (\mathrm{cm}^2)$ だから，体積は，$28 \times 10 = 280 \, (\mathrm{cm}^3)$

10 立体の表面積は，底面積と側面積の合計である。底面積は，$4 \times 3 \div 2 = 6 \, (\mathrm{cm}^2)$　また，側面積は，$5 \times (3 +$
$4 + 5) = 60 \, (\mathrm{cm}^2)$　よって，表面積は，$6 \times 2 + 60 = 72 \, (\mathrm{cm}^2)$

第23回

---

1 19　　2 123　　3 3　　4 1　　5 135（cm）　　6 8　　7 317　　8 10（cm）　　9 705.6　　10 330（cm³）

解　説

$\boxed{1}$ 与式 $= 21 - 8.2 \div 4.1 = 21 - 2 = 19$

$\boxed{2}$ 与式 $= 1.23 \times 14 + 1.23 \times 32 + 1.23 \times 54 = 1.23 \times (14 + 32 + 54) = 1.23 \times 100 = 123$

$\boxed{3}$ $16 - 5 \times \boxed{} = 1$ より，$5 \times \boxed{} = 16 - 1 = 15$　よって，$\boxed{} = 15 \div 5 = 3$

$\boxed{4}$ $1\,\mathrm{m} \times 1\,\mathrm{m} = 100\mathrm{cm} \times 100\mathrm{cm} = 10000\mathrm{cm}^2$ より，$10000\mathrm{cm}^2 = 1\,\mathrm{m}^2$

$\boxed{5}$ 3回目に跳ね上がる高さはボールを落とした高さの，$\dfrac{2}{3} \times \dfrac{2}{3} \times \dfrac{2}{3} = \dfrac{8}{27}$（倍）になるから，ボールを落とした高さは，$40 \div \dfrac{8}{27} = 135$（cm）

$\boxed{6}$ 1日間に読むページ数は全体の，$\dfrac{4}{11} \div 9 = \dfrac{4}{99}$ なので，$9 + 14 = 23$（日間）で読んだページ数は全体の，$\dfrac{4}{99} \times 23 = \dfrac{92}{99}$　よって，全体のページ数は，$14 \div \left(1 - \dfrac{92}{99}\right) = 198$（ページ）だから，$198 \times \dfrac{4}{99} = 8$（ページ）

$\boxed{7}$ 女子は全体の，$1 - \dfrac{3}{7} = \dfrac{4}{7}$ より23人少ないとも考えられるから，全体の，$\dfrac{3}{5} - \dfrac{4}{7} = \dfrac{1}{35}$ にあたるのが，$40 - 23 = 17$（人）　よって，全体は，$17 \div \dfrac{1}{35} = 595$（人）だから，女子は，$595 \times \dfrac{3}{5} - 40 = 317$（人）

$\boxed{8}$ この三角柱の底面積は，$4 \times 3 \div 2 = 6$（cm^2）なので，高さは，$60 \div 6 = 10$（cm）

$\boxed{9}$ $(5 \times 12 \div 2 + 10.4 \times 7.8 \div 2) \times 10 = 705.6$（cm^3）

$\boxed{10}$ 右図より，求める立体の体積は，たて6cm，横12cm，高さ5cmの直方体の体積から，直角をはさむ2辺の長さが，$12 - 8 = 4$（cm），$6 - 3 = 3$（cm）の直角三角形が底面で，高さが5cmの三角柱の体積をひいて，$6 \times 12 \times 5 - 4 \times 3 \div 2 \times 5 = 330$（cm^3）

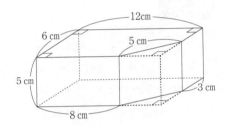

第24回

$\boxed{1}$ $\dfrac{17}{60}$　$\boxed{2}$ 340　$\boxed{3}$ 28　$\boxed{4}$ 8.56　$\boxed{5}$ 130（g）　$\boxed{6}$ 1600　$\boxed{7}$ 40（人）　$\boxed{8}$ 251.2（cm^3）

$\boxed{9}$ 207.24（cm^2）　$\boxed{10}$ 904.32（cm^3）

解　説

$\boxed{1}$ 与式 $= \dfrac{30}{60} - \dfrac{15}{60} + \dfrac{12}{60} - \dfrac{10}{60} = \dfrac{17}{60}$

$\boxed{2}$ 与式 $= 13 \times (17 + 19) + 21 \times 36 - 34 \times 26 = 13 \times 36 + 21 \times 36 - 34 \times 26 = (13 + 21) \times 36 - 34 \times 26 = 34 \times 36 - 34 \times 26 = 34 \times (36 - 26) = 340$

$\boxed{3}$ $3 \times (\boxed{} - 1) = 59 + 22 = 81$ より，$\boxed{} - 1 = 81 \div 3 = 27$　よって，$\boxed{} = 27 + 1 = 28$

$\boxed{4}$ $1\,\mathrm{a} = 100\mathrm{m}^2 = 1000000\mathrm{cm}^2$ なので，$8560000 \div 1000000 = 8.56$（a）

$\boxed{5}$ 400gと250gの差，$400 - 250 = 150$（g）は，コップの，$\dfrac{3}{4} - \dfrac{1}{3} = \dfrac{5}{12}$ の量のジュースの重さなので，コップ1ぱい分のジュースの重さは，$150 \div \dfrac{5}{12} = 150 \times \dfrac{12}{5} = 360$（g）　よって，$360 \times \dfrac{3}{4} = 270$（g）のジュースとコップで400gより，コップは，$400 - 270 = 130$（g）

6　A 君が使ったお金は，$400 \div \dfrac{5}{17} = 1360$（円）　よって，A 君の今月のおこづかいは，$1360 \div 0.85 = 1600$（円）

7　A さんのクラスで犬を飼っている人の割合は，$\dfrac{30}{100} \times \dfrac{75}{100} = \dfrac{9}{40}$ で，その人数が 9 人なので，A さんのクラスの人数は全部で，$9 \div \dfrac{9}{40} = 40$（人）

8　底面の半円の面積は，$4 \times 4 \times 3.14 \div 2 = 25.12$（cm^2）　よって，$25.12 \times 10 = 251.2$（cm^3）

9　底面の半径は，$6 \div 2 = 3$（cm）だから，$(3 \times 3 \times 3.14) \times 2 + 6 \times 3.14 \times 8 = 207.24$（cm^2）

10　底面の半径が，$20 \div 2 = 10$（cm）で高さが 8 cm の円柱から，底面の半径が，$16 \div 2 = 8$（cm）で高さが 8 cm の円柱をひいて，$10 \times 10 \times 3.14 \times 8 - 8 \times 8 \times 3.14 \times 8 = 904.32$（cm^3）

第25回

> 1　$\dfrac{7}{30}$　　2　368.018　　3　1.3　　4　34000　　5　2880　　6　1380（円）　　7　340（円）　　8　32（cm^2）　　9　3：14
> 10　7

解　説

1　与式 $= \dfrac{20}{30} - \dfrac{18}{30} + \dfrac{5}{30} = \dfrac{7}{30}$

2　与式 $= 2021 \times (3.018 + 365) - 2020 \times (2.018 + 366) = 2021 \times 368.018 - 2020 \times 368.018 = (2021 - 2020) \times 368.018 = 368.018$

3　$3.4 - (1.7 - \boxed{}) = 2.5 \times 1.2 = 3$ より，$1.7 - \boxed{} = 3.4 - 3 = 0.4$　よって，$\boxed{} = 1.7 - 0.4 = 1.3$

4　1 m^3 は，$100 \times 100 \times 100 = 1000000$（cm^3）だから，$0.034 \times 1000000 = 34000$（cm^3）

5　原価を 1.25 倍したものが 3600 円なので，$3600 \div 1.25 = 2880$（円）

6　$1200 \times (1 + 0.15) = 1380$（円）

7　定価は，$2000 \times (1 + 0.3) = 2600$（円）　売り値は，$2600 \times (1 - 0.1) = 2340$（円）　よって，利益は，$2340 - 2000 = 340$（円）

8　三角形 ABE と三角形 CDE は，底辺をそれぞれ AE，ED とすると高さが等しいので，三角形 CDE の面積は三角形 ABE の面積の $\dfrac{1}{3}$。よって，$96 \times \dfrac{1}{3} = 32$（cm^2）

9　三角形 ABC の面積を 1 とする。三角形 ABC と三角形 ABE は，底辺を AC，AE とすると高さは等しく，AE は AC の，$\dfrac{3}{3 + 5} = \dfrac{3}{8}$ なので，三角形 ABE の面積は，$1 \times \dfrac{3}{8} = \dfrac{3}{8}$　また，同様に，三角形 ABE と三角形 ADE についても，AB，AD を底辺とすると高さは等しく，AD は AB の，$\dfrac{4}{4 + 3} = \dfrac{4}{7}$ なので，三角形 ADE の面積は，$\dfrac{3}{8} \times \dfrac{4}{7} = \dfrac{3}{14}$　よって，$\dfrac{3}{14} : 1 = 3 : 14$

10　P と C を結ぶ。三角形 ABC の面積を 1 とすると，三角形 PAC の面積は，$1 \times \dfrac{5}{5 + 2} = \dfrac{5}{7}$ なので，三角形 PQC の面積は，$\dfrac{5}{7} - \dfrac{1}{2} = \dfrac{3}{14}$　よって，AQ：QC $= \dfrac{1}{2} : \dfrac{3}{14} = 7 : 3$ なので，AQ $= 10 \times \dfrac{7}{7 + 3} = 7$（cm）

第26回

| ① $\dfrac{1}{4}$ | ② 17.9 | ③ 21 | ④ 3494 | ⑤ 125 | ⑥ 2400 (円) | ⑦ 1600 (円) | ⑧ 12 (cm²) | ⑨ ㋐ | ⑩ 3 : 5 |

解 説

① 与式 = $\dfrac{4}{12} - \dfrac{3}{12} + \dfrac{2}{12} = \dfrac{3}{12} = \dfrac{1}{4}$

② 与式 = $(5.8 - 2.8) \times 7.29 - 3.97 = 3 \times 7.29 - 3.97 = 21.87 - 3.97 = 17.9$

③ $7 + \boxed{} \div 3 = 7 \times 2 = 14$ より，$\boxed{} \div 3 = 14 - 7 = 7$　よって，$\boxed{} = 7 \times 3 = 21$

④ 与式 = $4000\text{mL} - 500\text{mL} - 6\,\text{mL} = 3494\text{mL}$

⑤ もし売れ残りがなかったとすると，利益は，$108 \times 15 = 1620$ (円)増えて，$2880 + 1620 = 4500$ (円)　商品
　1個あたりの利益は，$108 - 72 = 36$ (円)なので，仕入れた商品の個数は，$4500 \div 36 = 125$ (個)

⑥ 原価の2割増しの値段は，$1700 \times (1 + 0.2) = 2040$ (円)　これが定価の1割5分引きの値段と同じなので，
　定価は，$2040 \div (1 - 0.15) = 2400$ (円)

⑦ この商品の仕入れ値を1とすると，定価は，$1 + 0.25 = 1.25$ で，売り値は，$1.25 \times (1 - 0.1) = 1.125$ となる
　ので，利益の200円は，$1.125 - 1 = 0.125$ にあたる。よって，この商品の仕入れ値は，$200 \div 0.125 = 1600$
　(円)

⑧ 右図のアとイの三角形の面積の合計は，$5 \times 6 \div 2 = 15$ (cm²)　また，
　アとイの三角形の高さは等しいので，面積の比は，$2 : 8 = 1 : 4$　よっ
　て，求める面積は，$15 \times \dfrac{4}{1 + 4} = 12$ (cm²)

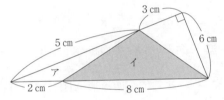

⑨ 右図で，平行四辺形は1本の対角線で2個の合同な三角形に分けられるので，
　三角形DBCの面積は，平行四辺形の面積の $\dfrac{1}{2}$ 倍。また，三角形FECと三角
　形DBCはEC，BCをそれぞれ底辺としたときに高さが等しくなるので，面積
　の比は底辺の長さの比と等しく，$4 : (2 + 4) = 2 : 3$　よって，色の付いた三角
　形の面積は三角形DBCの面積の $\dfrac{2}{3}$ 倍で，平行四辺形の面積の，$\dfrac{1}{2} \times \dfrac{2}{3} = \dfrac{1}{3}$ (倍)

⑩ 三角形BDEの面積を1とすると，$AE : EB = 3 : 1$ より，アの部分の面積は，$1 \times 3 = 3$　さらに，三角形
　BCDの面積は，$1 + 3 = 4$ なので，イの部分の面積は，$4 + 1 = 5$　よって，求める面積比は，ア : イ = 3 : 5

第27回

| ① $21\dfrac{3}{11}$ | ② 17.5 | ③ 7 | ④ (順に) 1, 21, 20 | ⑤ 600 (円) | ⑥ 165 | ⑦ 300 (円) | ⑧ 32.4 (cm²) |
| ⑨ 75 (cm²) | ⑩ $\dfrac{5}{8}$ (倍) | | | | | | |

解 説

① 与式 = $6 + 5 + 4 + 3 + 2 + 1 + \dfrac{6 + 5 + 4 + 3 + 2 + 1}{77} = 21\dfrac{3}{11}$

② 与式 = $0.125 \times (1 \times 1 + 2 \times 2 + 3 \times 3 + 4 \times 4 + 5 \times 5 + 6 \times 6 + 7 \times 7) = 0.125 \times 140 = 17.5$

③ $2 \times (5 + \boxed{}) = 32 - 8 = 24$ より，$5 + \boxed{} = 24 \div 2 = 12$　よって，$\boxed{} = 12 - 5 = 7$

④ 与式 $= 2$ 日 30 時間 65 分 $- 1$ 日 9 時間 45 分 $= 1$ 日 21 時間 20 分

⑤ 16 ％引きにすると，$1 - 0.16 = 0.84$（倍）になるので，16 ％引きにする前の売り値は，$630 \div 0.84 = 750$（円）で，30 円値引きする前の売り値は，$750 + 30 = 780$（円）　これが仕入れ値の，$1 + 0.3 = 1.3$（倍）にあたるので，仕入れ値は，$780 \div 1.3 = 600$（円）

⑥ 800 円の 2 割引き，$800 \times (1 - 0.2) = 640$（円）で 50 個売ったときの売り上げは，$640 \times 50 = 32000$（円）なので，640 円で昨日と同じ個数売ったことで，$32000 - 13600 = 18400$（円）売り上げが減ったことになる。よって，昨日売ったのは，$18400 \div (800 - 640) = 115$（個）より，$115 + 50 = 165$（個）

⑦ 定価は，$7500 \times (1 + 0.3) = 9750$（円）なので，売り値は，$9750 \times (1 - 0.2) = 7800$（円）　よって，利益は，$7800 - 7500 = 300$（円）

⑧ 右図のように，外側の正方形を小さな正方形 9 個に区切ると，内側の正方形の周りにある直角三角形 1 個は，小さな正方形 1 個と面積が等しいので，内側の正方形の面積は小さな正方形，$9 - 4 = 5$（個）分。よって，外側の正方形の面積は，$18 \times \dfrac{9}{5} = 32.4$（cm²）

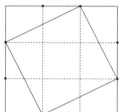

⑨ ⑧の部分を広げた図形は，DE を 1 辺とする正方形となる。DE：BC ＝ AD：AB ＝ 1：2 より，⑧の部分を広げた図形の面積はもとの正方形の，$\dfrac{1}{2} \times \dfrac{1}{2} = \dfrac{1}{4}$　よって，⑧の部分を広げた面積は，$10 \times 10 \times \dfrac{1}{4} = 25$（cm²）より，求める面積は，$10 \times 10 - 25 = 75$（cm²）

⑩ 三角形 ABC の面積を 1 とする。三角形 BCD の面積は $\dfrac{1}{2}$ になるので，三角形 CDE の面積は，$\dfrac{1}{2} \times \dfrac{3}{4} = \dfrac{3}{8}$　よって，四角形 ABED の面積は，$1 - \dfrac{3}{8} = \dfrac{5}{8}$ になるので，$\dfrac{5}{8} \div 1 = \dfrac{5}{8}$（倍）

第 28 回

① 1　② 301　③ $\dfrac{4}{3}$　④ 月（曜日）　⑤ 2（時間）　⑥ 10（日間）　⑦ 72　⑧ $\dfrac{15}{2}$（m）

⑨ 647（cm）5（mm）　⑩ 3

解　説

① 与式 $= \dfrac{8}{3} \times \dfrac{15}{64} \times \dfrac{8}{5} = 1$

② 与式 $= 40.9 \times 4.35 - 40.9 \times 2 \times 0.67 + 19.7 \times 9.03 = 40.9 \times (4.35 - 2 \times 0.67) + 19.7 \times 9.03 = 40.9 \times 3.01 + 19.7 \times 3.01 \times 3 = (40.9 + 19.7 \times 3) \times 3.01 = 100 \times 3.01 = 301$

③ $2 \times \boxed{} - \dfrac{4}{9} = 2.2 \div 0.99 = \dfrac{11}{5} \times \dfrac{100}{99} = \dfrac{20}{9}$ より，$2 \times \boxed{} = \dfrac{20}{9} + \dfrac{4}{9} = \dfrac{8}{3}$　よって，$\boxed{} = \dfrac{8}{3} \div 2 = \dfrac{4}{3}$

④ $31 + 30 + 31 = 92$（日前）の曜日を答えることになる。1 週間は 7 日なので，$92 \div 7 = 13$ あまり 1 より，13 週間前の 2018 年 10 月 2 日は火曜日となる。よって，2018 年 10 月 1 日は月曜日。

⑤ 仕事全体の量を 1 とすると，1 時間に A さんは，$1 \div 6 = \dfrac{1}{6}$，B さんは，$1 \div 3 = \dfrac{1}{3}$ の仕事をすることになる。よって，求める時間は，$1 \div \left(\dfrac{1}{6} + \dfrac{1}{3} \right) = 2$（時間）

6 まず，仕事全体の量を 1 とすると，1 日に A さんは，$1 \div 15 = \frac{1}{15}$，B さんは，$1 \div 6 = \frac{1}{6}$ の仕事をすることになる。よって，A さん 1 人，A さんと B さんの 2 人で 1 日にする仕事量の比は，$\frac{1}{15} : \frac{1}{6} = 2 : 5$　次に，A さんが 1 日にする仕事量を 2 とすると，B さんが 1 日にする仕事量は，5 − 2 = 3，全体の仕事量は，2 × 15 = 30 にあたる。よって，この仕事を B さん 1 人でするときにかかる日数は，30 ÷ 3 = 10（日間）

7 バケツいっぱいの水の量を 1 とすると，1 秒あたり A は，$1 \div 24 = \frac{1}{24}$，A と B は，$1 \div 18 = \frac{1}{18}$ の水を出すことになるので，じゃ口 B から 1 秒間に出る水の量は，$\frac{1}{18} - \frac{1}{24} = \frac{1}{72}$　よって，$1 \div \frac{1}{72} = 72$（秒）

8 棒と太陽の光とその影が作る三角形は，拡大・縮小の関係になる。木と太陽の光とその影が作る三角形と相似になる。木の高さは影の長さの，$1 \div 1.2 = \frac{5}{6}$（倍）なので，$9 \times \frac{5}{6} = \frac{15}{2}$（m）

9 棒の長さと影の長さの比は，2 : 3.5 = 4 : 7　よって，高さ 3.7m の電柱の影の長さは，$3.7 \times 100 \times \frac{7}{4} = 647.5$（cm）より，647cm5mm。

10 図の三角形の周りの長さは，5 + 7 + 8 = 20（cm）　周りの長さを 12cm にするためには，この三角形を，12 ÷ 20 = 0.6（倍）に縮小すればよいので，最も短い辺は，5 × 0.6 = 3（cm）

第29回

| 1 $\frac{7}{12}$ | 2 785 | 3 $\frac{7}{9}$ | 4 月曜日 | 5 6（人）| 6 4（時間）30（分）| 7 90（日）| 8 4.8（cm）|

9 $\frac{24}{5}$（cm）　10 7.5（cm）

解説

1 与式 $= \frac{3}{7} \times \frac{5}{12} \times \frac{49}{15} = \frac{7}{12}$

2 与式 $= 3.14 \times 2 \times 12 + 3.14 \times 300 \times 0.15 + 18.1 \times 3.14 \times 10 = 3.14 \times 24 + 3.14 \times 45 + 181 \times 3.14 = 3.14 \times (24 + 45 + 181) = 3.14 \times 250 = 785$

3 $\frac{3}{4} \div \boxed{} - \frac{15}{28} = \frac{3}{7}$ より，$\frac{3}{4} \div \boxed{} = \frac{3}{7} + \frac{15}{28} = \frac{27}{28}$　よって，$\boxed{} = \frac{3}{4} \div \frac{27}{28} = \frac{7}{9}$

4 365 × 2 = 730（日後）なので，730 ÷ 7 = 104 あまり 2 より，土曜日の 2 日後の月曜日。

5 1 人が 1 日にする仕事の量を 1 とすると，全体の仕事の量は，1 × 8 × 15 = 120　4 日間を 10 人で仕事したときの仕事の量は，1 × 4 × 10 = 40 なので，残りの仕事の量は，120 − 40 = 80　これを 5 日間で完成させるので，80 ÷ 5 ÷ 1 = 16（人）が必要になる。よって，増やせばよい人数は，16 − 10 = 6（人）

6 仕事全体の量を 1 とすると，1 時間あたり，A は $\frac{1}{18}$，B は $\frac{1}{15}$，C は $\frac{1}{10}$ の仕事をする。3 人ですると 1 時間に，$\frac{1}{18} + \frac{1}{15} + \frac{1}{10} = \frac{2}{9}$ の仕事ができるので，$1 \div \frac{2}{9} = 4.5$（時間）より，4 時間 30 分。

7 全体の仕事を 1 とすると，A，B，C の 3 人の 1 日での仕事量は，$1 \div 15 = \frac{1}{15}$ で，B と C の 2 人の 1 日での仕事量は，$1 \div 18 = \frac{1}{18}$ だから，1 日で A が 1 人でする仕事量は，$\frac{1}{15} - \frac{1}{18} = \frac{1}{90}$　よって，この仕事を A

だけですると，かかる日数は，$1 \div \dfrac{1}{90} = 90$（日）

8 FA と DC が平行なので，三角形 FAE は三角形 CDE の縮図で，辺の長さの比は，AF：CD ＝ AE：DE ＝

$8 :(18 - 8) = 8 : 10 = 4 : 5$　よって，CD の長さが 6 cm なので，AF の長さは，$6 \times \dfrac{4}{5} = 4.8$（cm）

9 DC ＝ AB ＝ 6 cm で，三角形 EAF は三角形 CDF を縮小した図形なので，FA：FD ＝ AE：DC ＝ 4：6 ＝

$2 : 3$　AD ＝ BC ＝ 8 cm より，FD ＝ $8 \times \dfrac{3}{2 + 3} = \dfrac{24}{5}$（cm）

10 三角形 FDB は三角形 EAB の縮図で，FD：EA ＝ DB：AB ＝$(24 - 6) : 24 = 3 : 4$　よって，DF ＝ $10 \times$

$\dfrac{3}{4} = 7.5$（cm）

第30回

| 1 $\dfrac{1}{3}$ | 2 12300 | 3 42 | 4 600 | 5 20（時間） | 6 9 | 7 10 | 8 21.6（cm） | 9 $\dfrac{32}{15}$ | 10 12（cm） |

解説

1 与式 ＝ $\left(\dfrac{7}{3} - \dfrac{8}{5}\right) \div \dfrac{11}{5} = \dfrac{11}{15} \times \dfrac{5}{11} = \dfrac{1}{3}$

2 与式 ＝ $1025 \times 49 - 2019 \times 18.5 - 31 \times 18.5 = 1025 \times 49 - (2019 + 31) \times 18.5 = 1025 \times 49 - 2050 \times$
$18.5 = 1025 \times 49 - 1025 \times 37 = 1025 \times (49 - 37) = 1025 \times 12 = 12300$

3 $243 \div \boxed{} \times 14 = 81$ より，$243 \div \boxed{} = 81 \div 14 = \dfrac{81}{14}$　よって，$\boxed{} = 243 \div \dfrac{81}{14} = 42$

4 $1 L = 1000 cm^3$，$1.5 kg = 1500 g$ より，$1500 \times \dfrac{400}{1000} = 600$（g）

5 満水にするのに必要な水の量を 1 とする。1 時間に A は，$1 \div 45 = \dfrac{1}{45}$，B は，$1 \div 36 = \dfrac{1}{36}$ の水を入れる
ことができるので，$1 \div \left(\dfrac{1}{45} + \dfrac{1}{36}\right) = 20$（時間）

6 全体の仕事を 1 とすると，りつ子さん 1 人で 1 日にできる仕事は，$1 \div 20 = \dfrac{1}{20}$　まもる君 1 人で 1 日にで
きる仕事は，$1 \div 15 = \dfrac{1}{15}$　途中でりつ子さんが 1 日休んだとき，2 人で仕事をした日数は，$\left(1 - \dfrac{1}{15}\right) \div$
$\left(\dfrac{1}{20} + \dfrac{1}{15}\right) = 8$（日）　よって，仕上げるのにかかった日数は，$8 + 1 = 9$（日）

7 水そういっぱいの水の量を 1 とすると，1 分間に入れる水の量は，A 管だけだと，$1 \div 15 = \dfrac{1}{15}$，A 管と B 管
の両方だと，$1 \div 6 = \dfrac{1}{6}$ なので，B 管だけだと，$\dfrac{1}{6} - \dfrac{1}{15} = \dfrac{1}{10}$　よって，B 管だけで水を入れると，$1 \div$
$\dfrac{1}{10} = 10$（分）かかる。

8 右図で，DE ＝ $4 \times 3 = 12$（cm）　DE と BC は平行なので，三角形 ADE
と三角形 ABC において拡大・縮小の関係より，DE：BC ＝ AD：AB ＝ 5：
$(5 + 4) = 5 : 9$　よって，BC ＝ DE $\times \dfrac{9}{5} = 12 \times \dfrac{9}{5} = \dfrac{108}{5} = 21.6$（cm）

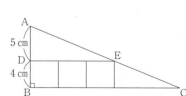

9 AE の真ん中の点を M とすると，AM = 8 ÷ 2 = 4（cm）　角 ABE = 角 DMA = 90°，角 AEB = 90° − 角 EAB = 角 DAM より，三角形 ABE と三角形 DMA は拡大・縮小の関係で，AE：BE = DA：MA = 15：4 なので，BE = 8 × $\frac{4}{15}$ = $\frac{32}{15}$（cm）

10 AB と CD は平行より，三角形 ABF と三角形 DCF は拡大・縮小の関係で，AF：DF = AB：DC = 21：28 = 3：4　また，EF と CD は平行より，三角形 AEF と三角形 ACD は拡大・縮小の関係で，EF：CD = AF：AD = 3：(3 + 4) = 3：7　よって，EF = 28 × $\frac{3}{7}$ = 12（cm）

第31回

| 1 $\frac{1}{5}$ | 2 28.26 | 3 $\frac{5}{13}$ | 4 9300 | 5 100（人） | 6 6（日） | 7 12（分） | 8 4 | 9 20（cm²） | 10 16 |

解　説

1 与式 = $\frac{13}{15}$ − $\frac{28}{15}$ ÷ $\frac{14}{5}$ = $\frac{13}{15}$ − $\frac{2}{3}$ = $\frac{1}{5}$

2 与式 = $\frac{1}{4}$ × 3.14 + 3.14 × 5 × $\frac{13}{20}$ + 3.14 × 7 × $\frac{11}{14}$ = $\frac{1}{4}$ × 3.14 + 3.14 × $\frac{13}{4}$ + 3.14 × $\frac{11}{2}$ = 3.14 × $\left(\frac{1}{4} + \frac{13}{4} + \frac{11}{2}\right)$ = 3.14 × 9 = 28.26

3 $\left(\frac{5}{3} ÷ \boxed{} − \frac{9}{4}\right)$ = 5 ÷ $\frac{12}{5}$ = $\frac{25}{12}$ より，$\frac{5}{3}$ ÷ $\boxed{}$ = $\frac{25}{12}$ + $\frac{9}{4}$ = $\frac{13}{3}$　よって，$\boxed{}$ = $\frac{5}{3}$ ÷ $\frac{13}{3}$ = $\frac{5}{13}$

4 6200 × 0.3 = 1860（円）が，$\boxed{}$ 円の 2 割にあたるから，1860 ÷ 0.2 = 9300（円）

5 5 分間で，60 × 5 = 300（人）が行列に並ぶので，3 か所の入り口で通る人数は，1200 + 300 = 1500（人）　よって，1 か所あたり 1 分間に入場する人の数は，1500 ÷ 5 ÷ 3 = 100（人）

6 牛 1 頭が 1 日に食べる草の量を 1 とすると，6 頭の牛が 18 日で食べる草の量は，1 × 6 × 18 = 108 で，8 頭の牛が 12 日で食べる草の量は，1 × 8 × 12 = 96　この差の，108 − 96 = 12 は，18 − 12 = 6（日）で生えた草の量なので，1 日に生える草の量は，12 ÷ 6 = 2　12 日で生えた草の量は，2 × 12 = 24 なので，はじめに生えていた草の量は，96 − 24 = 72　14 頭の牛が 1 日に食べる草の量は，1 × 14 = 14 なので，生える草の量を引くと，14 頭の牛をはなしたときに 1 日に減る草の量は，14 − 2 = 12　よって，14 頭の牛をはなしたときに草を食べつくすまでの日数は，72 ÷ 12 = 6（日）

7 30 分で，15 × 30 = 450（人）が行列に並ぶから，1 か所の窓口で通る人数は毎分，(900 + 450) ÷ 30 = 45（人）　よって，窓口を 2 か所にすると，行列から毎分，45 × 2 − 15 = 75（人）が減るので，行列がなくなるのは，900 ÷ 75 = 12（分）

8 円の面積は，半径×半径×円周率で求められるので，円の半径を〇倍にすると，面積は(〇×〇)倍になる。16 = 4 × 4 なので，円の面積が 16 倍になるのは，半径を 4 倍にしたとき。

9 3 つの三角形の長さの比は，ア：イ：ウ = 1：$\frac{1}{2}$：2 = 2：1：4 で，面積の比は，ア：イ：ウ = (2 × 2)：(1 × 1)：(4 × 4) = 4：1：16　よって，比の，16 − 4 = 12 が 240cm² にあたるので，イの面積は，240 ÷ 12 = 20（cm²）

10 図 1 の長方形は，1 辺の長さが 8cm の正三角形を半分にした 2 つの直角三角形を合わせたもの。よって，図 1 の長方形は，図 2 の正三角形の，8 ÷ 2 = 4（倍）の拡大図と面積が等しいので，面積は，4 × 4 = 16（倍）

第32回

$\boxed{1}\ \dfrac{12}{7}$　$\boxed{2}\ 31.41$　$\boxed{3}\ 25$　$\boxed{4}$（順に）25，240　$\boxed{5}\ 7500$　$\boxed{6}\ 3$（台）　$\boxed{7}\ 20$　$\boxed{8}\ \dfrac{40}{3}$（cm²）　$\boxed{9}\ \dfrac{25}{3}$

$\boxed{10}\ \dfrac{64}{3}$（cm²）

解　説

$\boxed{1}$ 与式 $=\left(\dfrac{1}{7}+\dfrac{4}{3}\times\dfrac{3}{2}\right)-\left(\dfrac{7}{5}\div\dfrac{49}{15}\right)=\left(\dfrac{1}{7}+2\right)-\dfrac{7}{5}\times\dfrac{15}{49}=\dfrac{15}{7}-\dfrac{3}{7}=\dfrac{12}{7}$

$\boxed{2}$ 与式 $=31.41\times\dfrac{19}{12}-31.41\times\dfrac{1}{10}\div\dfrac{6}{35}=31.41\times\dfrac{19}{12}-31.41\times\dfrac{7}{12}=31.41\times\left(\dfrac{19}{12}-\dfrac{7}{12}\right)=31.41$

$\boxed{3}$ （$\boxed{}$ -20）$\div 2=100\div 40=2.5$ より，$\boxed{}$ $-20=2.5\times 2=5$　よって，$\boxed{}$ $=5+20=25$

$\boxed{4}$ 往復にかかる時間は，$3000\div 150+3000\div 600=25$（分）　平均の速さは，進んだ合計のきょりを進むのにかかった合計の時間で割ると求まる。よって，平均の速さは分速，$3000\times 2\div 25=240$（m）

$\boxed{5}$ 毎月お金を使わないと，20か月後の貯金は，$1000\times 20+500=20500$（円），30か月の貯金は，$900\times 30=27000$（円）なので，$30-20=10$（か月）で，$27000-20500=6500$（円），1か月に，$6500\div 10=650$（円）もらっている。30か月でもらうお金は，$650\times 30=19500$（円）なので，はじめの貯金額は，$27000-19500=7500$（円）

$\boxed{6}$ 1台のポンプが1分間にくみ出す水の量を1とすると，ポンプ5台で12分にくみ出す水の量は，$5\times 12=60$ で，ポンプ8台で6分にくみ出す水の量は，$8\times 6=48$ なので，$12-6=6$（分）で，$60-48=12$ の水がわき出していて，1分間にわき出す水の量は，$12\div 6=2$　わき出す水の量より多くくみ出せば泉はからになるので，1分間に3の水をくみ出すために最低3台のポンプが必要。

$\boxed{7}$ 1分間に減る行列の人数は，窓口1つだと，$140\div 35=4$（人）で，窓口2つだと，$140\div 5=28$（人）なので，窓口，$2-1=1$（つ）で1分間に入場させることができる人数は，$28-4=24$（人）　窓口1つのときの行列の減る人数は，24人から新たに行列に加わった人数を引いた人数なので，行列に加わる人数は毎分，$24-4=20$（人）

$\boxed{8}$ 右図のアの長さは，ア $:8=2:3$ より，ア $=8\times 2\div 3=\dfrac{16}{3}$（cm）　よって，

$\left(\dfrac{16}{3}+8\right)\times 2\div 2=\dfrac{40}{3}$（cm²）

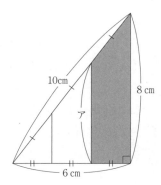

10cm
ア
8 cm
6 cm

$\boxed{9}$ $ED=10\div 2=5$（cm）より，三角形ECDの面積は，$5\times 10\div 2=25$（cm²）　EDとBCが平行より，三角形EFDは三角形CFBの縮図で，$EF:CF=ED:CB=1:2$　三角形DEFの底辺をEF，三角形DFCの底辺をFCとすると，高さが等しいので，三角形DEFと三角形DFCの面積の比は，底辺の長さの比と等しく，$1:2$　よって，三角形DEFの面積は，$25\times\dfrac{1}{1+2}=\dfrac{25}{3}$（cm²）

10 右図で，三角形 DEC は三角形 ABC の縮図だから，DC：DE ＝ AC：AB ＝ 8：6 ＝ 4：3 より，DC ＝ $2 \times \dfrac{4}{3} = \dfrac{8}{3}$（cm）　よって，求める面積は，$6 \times 8 \div 2 - 2 \times \dfrac{8}{3} \div 2 = \dfrac{64}{3}$（cm²）

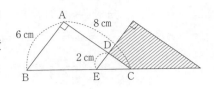

第33回

1 $\dfrac{4}{3}$	2 390	3 3	4 12	5 7（人）	6 12（時間）	7 81（頭）	8 12	9 9（cm²）	10 54（cm²）

解説

1 与式 ＝ $\dfrac{3}{11} + \dfrac{8}{9} \div \dfrac{88}{105} = \dfrac{3}{11} + \dfrac{35}{33} = \dfrac{4}{3}$

2 与式 ＝ $9 \times 25 - 25 \times 9 \times \dfrac{2}{3} + 25 \times 27 \times 0.5 - 25 \times 0.9 = 9 \times 25 - 25 \times 6 + 25 \times 13.5 - 25 \times 0.9 = (9 - 6 + 13.5 - 0.9) \times 25 = 15.6 \times 25 = 390$

3 $80 \times \left(\boxed{} - \dfrac{5}{2} \right) = 29 + 11 = 40$ より，$\boxed{} - \dfrac{5}{2} = 40 \div 80 = \dfrac{1}{2}$　よって，$\boxed{} = \dfrac{1}{2} + \dfrac{5}{2} = 3$

4 $(100 + \boxed{}) \times 5 = 35 \times 16$ より，$100 + \boxed{} = 35 \times 16 \div 5 = 112$　よって，$\boxed{} = 112 - 100 = 12$

5 50分間で，$10 \times 50 = 500$（人）が行列に並ぶ。よって，50分間で入場した人数は合計，$550 + 500 = 1050$（人）なので，1か所の入り口から1分間に入場する人数は，$1050 \div 3 \div 50 = 7$（人）

6 1台のポンプが1時間にくみ出す水の量を1とすると，4台のポンプで24時間にくみ出した水の量は，$1 \times 4 \times 24 = 96$，6台のポンプで8時間にくみ出した水の量は，$1 \times 6 \times 8 = 48$　これより，$24 - 8 = 16$（時間）で水そうに流入した水の量が，$96 - 48 = 48$ だから，1時間に流入する水の量は，$48 \div 16 = 3$　これより，水そういっぱいの水の量は，$48 - 3 \times 8 = 24$ だから，5台のポンプで水をくみ出すときにかかる時間は，$24 \div (1 \times 5 - 3) = 12$（時間）

7 牛1頭が1日に食べる草の量を1とすると，牛31頭が12日間で食べた草の量は，$31 \times 12 = 372$，牛18頭が25日間で食べた草の量は，$18 \times 25 = 450$ だから，$25 - 12 = 13$（日間）で生えた草の量は，$450 - 372 = 78$ となり，1日に生える草の量は，$78 \div 13 = 6$　これより，初めに生えていた草の量は，$372 - 6 \times 12 = 300$ で，4日間で生える草の量は，$4 \times 6 = 24$ だから，$300 + 24 = 324$ の量を牛が4日で食べることになる。よって，牛の数は，$324 \div 4 = 81$（頭）

8 右図で，三角形 EBC と三角形 DBC は共通の辺 BC を底辺としたとき，底辺の長さも高さも等しいので，面積も等しい。よって，三角形 EBC と三角形 DBC からそれぞれ三角形 FBC を取り除いた三角形 EFC と三角形 DBF の面積も等しくなるので，かげをつけた部分の面積は，$3 \times 8 \div 2 = 12$（cm²）

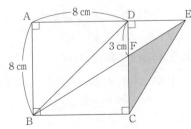

⑨ 右図で，三角形 ABD は直角二等辺三角形なので，AD = BD = 2 cm　BD と EC が平行より，三角形 BDF は三角形 CEF の縮図で，DF：EF = BD：CE = 2：3 なので，DF = $4 \times \dfrac{2}{2+3} = 1.6$ (cm)となるから，AF = 2 + 1.6 = 3.6 (cm)　よって，三角形 ABF の面積は，3.6 × 2 ÷ 2 = 3.6 (cm²)で，三角形 AFC の面積は，3.6 × 3 ÷ 2 = 5.4 (cm²)なので，三角形 ABC の面積は，3.6 + 5.4 = 9 (cm²)

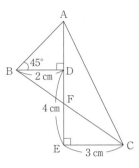

⑩ 右図で，DE = 15 − 3 = 12 (cm)　三角形 ABC は三角形 DBE の拡大図になるので，BC：AC = BE：DE より，BC：15 = 16：12 となり，BC = 15 $\times \dfrac{16}{12} = 20$ (cm)　よって，斜線部分の面積は，20 × 15 ÷ 2 − 16 × 12 ÷ 2 = 54 (cm²)

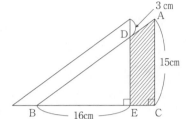

第34回

① 1960　② 2020　③ $\dfrac{9}{10}$　④ 40　⑤ 17 (本)　⑥ 40　⑦ 5400 (円)　⑧ 40.82 (m²)　⑨ 43.96
⑩ 38.7 (m²)

解　説

① 与式 = $2020 - (60 + 15) \div \dfrac{5}{4} = 2020 - 75 \div \dfrac{5}{4} = 2020 - 60 = 1960$

② 与式 = 101 × 9 − 101 × 8 + 101 × 7 + 101 × 6 + 101 × 5 + 101 × 4 − 101 × 3 = 101 × (9 − 8 + 7 + 6 + 5 + 4 − 3) = 101 × 20 = 2020

③ $1\dfrac{4}{5} \div \boxed{} = 5 - 2\dfrac{1}{7} \times 1.4 = 2$ より，$\boxed{} = 1\dfrac{4}{5} \div 2 = \dfrac{9}{10}$

④ A の体重を 1 とすると，B の体重は，1 × (1 + 0.2) = 1.2 で，これが 48kg にあたる。よって，A の体重は，48 ÷ 1.2 = 40 (kg)

⑤ シャープペンシル 1 本をボールペン 1 本にかえると，170 − 120 = 50 (円)安くなるから，ボールペンの方がシャープペンシルより，200 ÷ 50 = 4 (本)多く買ったことになる。よって，ボールペンの本数は，(30 + 4) ÷ 2 = 17 (本)

⑥ 1 つの袋に入れる個数の差は，5 − 2 = 3 (個)なので，袋の数は，24 ÷ 3 = 8 (袋)　よって，えん筆の本数は，5 × 8 = 40 (本)

⑦ 1 個 300 円のケーキを 2 割引きで買うと，300 × (1 − 0.2) = 240 (円)　割引した値段で同じ個数を買ったとすると，4 × 240 + 120 = 1080 (円)あまる。よって，1080 ÷ (300 − 240) = 1080 ÷ 60 = 18 (個)買う予定だったので，清さんが持っていったお金は，18 × 300 = 5400 (円)

8 犬が自由に動けるのは右図Ⅰのしゃ線部分。つまり，半径が4mで中心角が270°の
おうぎ形と，半径が，4-2=2 (m)で中心角が90°のおうぎ形を組み合わせた図形
の面積を求めればよい。よって，$4 \times 4 \times 3.14 \times \dfrac{270}{360} + 2 \times 2 \times 3.14 \times \dfrac{90}{360} =$
40.82 (m²)

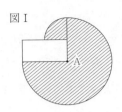

図Ⅰ

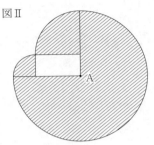

図Ⅱ

9 牛が動くことのできる範囲は右図のかげをつけた部分で，面積は，半径6m，中心
角90°のおうぎ形と，半径，6-2=4 (m)，中心角90°のおうぎ形と，半径，4-
2=2 (m)，中心角90°のおうぎ形の和になるから，$6 \times 6 \times 3.14 \times \dfrac{90}{360} + 4 \times 4$
$\times 3.14 \times \dfrac{90}{360} + 2 \times 2 \times 3.14 \times \dfrac{90}{360} = 43.96$ (m²)

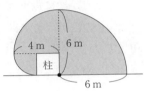

10 牛が動くことのできる範囲は右図のかげをつけた部分になる。かげをつけた部
分は，半径4mの半円と，半径，4-1=3 (m)，中心角，180°-60°=120°の
おうぎ形と，半径，4-2=2 (m)，中心角，180°-60°=120°のおうぎ形を
合わせた図形になる。よって，求める面積は，$4 \times 4 \times 3.14 \div 2 + 3 \times 3 \times$
$3.14 \times \dfrac{120}{360} + 2 \times 2 \times 3.14 \times \dfrac{120}{360} = \dfrac{37}{3} \times 3.14 = 38.72\cdots$ となるから，小
数第2位を四捨五入して，38.7m²。

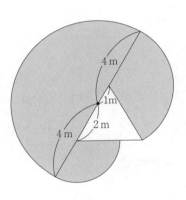

第35回

1 $\dfrac{11}{5}$　　2 1010　　3 6　　4 ア．5　イ．6　ウ．9　　5 32 (個)　　6 360 (個)　　7 47　　8 54 (秒後)

9 9 (cm²)　　10 4 (秒後)

解説

1 与式 = $\dfrac{7}{3} - \left(\dfrac{5}{6} - \dfrac{3}{6}\right) \times \dfrac{2}{5} = \dfrac{7}{3} - \dfrac{1}{3} \times \dfrac{2}{5} = \dfrac{7}{3} - \dfrac{2}{15} = \dfrac{11}{5}$

2 与式 = $(2017 + 20.17) \times \dfrac{1000}{2017} = 2017 \times \dfrac{1000}{2017} + \dfrac{2017}{100} \times \dfrac{1000}{2017} = 1000 + 10 = 1010$

3 $(\boxed{} + 23) \times \dfrac{1}{2} = 25 - 10.5 = 14.5$ より，$\boxed{} + 23 = 14.5 \div \dfrac{1}{2} = 29$　よって，$\boxed{} = 29 -$
23 = 6

4 A：B = 5：6，B：C = 2：3なので，Bを6にそろえると，A：B：C = 5：6：9

5 すべてキャラメルを買ったとすると，キャラメル代はチョコレート代より，$70 \times 52 = 3640$ (円) 多いことに

なる。実際は，キャラメル代はチョコレート代より 440 円だけ多い。キャラメル 1 個のかわりにチョコレート 1 個を買うと，90 ＋ 70 ＝ 160（円）少なくなるので，チョコレートの個数は，(3640 － 440) ÷ (70 ＋ 90) ＝ 20（個）　よって，キャラメルは，52 － 20 ＝ 32（個）

6 1 個組み立てるのに機械 A は $\frac{1}{6}$ 分，機械 B は $\frac{1}{8}$ 分かかる。したがって，1 個組み立てるのに，$\frac{1}{6} - \frac{1}{8} = \frac{1}{24}$（分）の差があるので，$15 \div \frac{1}{24} = 360$（個）

7 全員にえん筆を 5 本ずつ配るときと，8 本ずつ配るときで，必要なえん筆の本数の差は，12 ＋ 9 ＝ 21（本），1 人あたりに配る本数の差は，8 － 5 ＝ 3（本），人数は，21 ÷ 3 ＝ 7（人）　よって，えん筆の本数は，5 × 7 ＋ 12 ＝ 47（本）

8 最初に出会うのは 2 点が合わせて，12 × 4 ＝ 48（cm）進んだときだから，48 ÷ (3 ＋ 5) ＝ 6（秒後）　このとき，点 P は，3 × 6 ＝ 18（cm）進んでいるので，点 P は 18cm 進むごとに点 Q と出会うことになる。これより，2 点が次に点 E で出会うためには，点 P の進んだ道のりが 18 と 48 の最小公倍数になるときとわかる。18 と 48 の最小公倍数は 144 だから，求める時刻は，6 ＋ 144 ÷ 3 ＝ 54（秒後）

9 CP の長さは，1 × 3 ＝ 3（cm），CQ の長さは，2 × 3 ＝ 6（cm）なので，3 × 6 ÷ 2 ＝ 9（cm²）

10 台形 ABQP の上底と下底の和は，毎秒，1 ＋ 3 ＝ 4（cm）ずつ増える。この台形の面積が 160cm² になるときの上底と下底の和は，160 × 2 ÷ 20 ＝ 16（cm）　よって，16 ÷ 4 ＝ 4（秒後）

第 36 回

| 1 $\frac{1}{8}$ | 2 10100 | 3 31 | 4 59（点） | 5 22（脚以上）27（脚以下） | 6 125（枚） | 7 (ア) 30　(イ) 98 |
| 8 62.8（cm） | 9 10（cm） | 10 （秒速）0.5（cm） |

解 説

1 与式 ＝ $\frac{1}{72} \times 9 = \frac{1}{8}$

2 与式 ＝ (1001 ＋ 1019) ＋ (1003 ＋ 1017) ＋ (1005 ＋ 1015) ＋ (1007 ＋ 1013) ＋ (1009 ＋ 1011) ＝ 2020 × 5 ＝ 10100

3 ☐ － 27 ＝ 72 ÷ 18 ＝ 4 より，☐ ＝ 4 ＋ 27 ＝ 31

4 男子の合計点は，63 × 40 － 69 × 16 ＝ 1416（点）　よって，男子 24 人の平均点は，1416 ÷ 24 ＝ 59（点）

5 1 脚に 6 人ずつ掛けていくと，あと，6 × 2 ＝ 12（人）以上，12 ＋ (6 － 1) ＝ 17（人）以下の人数が座ることができる。よって，長いすの数は，(10 ＋ 12) ÷ (6 － 5) ＝ 22（脚）以上，(10 ＋ 17) ÷ (6 － 5) ＝ 27（脚）以下。

6 1 人に 7 枚ずつ配る場合と 9 枚ずつ配る場合に必要な色紙の枚数の差は，34 － 8 ＝ 26（枚）　これらの場合，1 人に配る色紙の枚数の差は，9 － 7 ＝ 2（枚）なので，子どもの人数は，26 ÷ 2 ＝ 13（人）　よって，色紙は全部で，7 × 13 ＋ 34 ＝ 125（枚）

7 4 人ずつ座るとき，(4 － 2) ＋ 4 × 5 ＝ 22（人）分の席が残っている。したがって，3 人ずつ座るのと，4 人ずつ座るのとでは，8 ＋ 22 ＝ 30（人）の差ができる。よって，長いすは，30 ÷ (4 － 3) ＝ 30（脚）で，子どもは，3 × 30 ＋ 8 ＝ 98（人）

⑧ 糸の端 B が動くのは，右図の太線部分。つまり，中心角がともに 90°で，半径が 16cm，16 − 4 = 12（cm），12 − 4 = 8（cm），8 − 4 = 4（cm）の 4 つのおうぎ

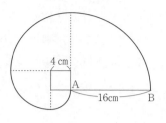
4 cm
A
16cm — B

形の曲線部分の長さの和。よって，$\frac{90}{360} = \frac{1}{4}$ より，$16 \times 2 \times 3.14 \times \frac{1}{4} + 12 \times 2 \times 3.14 \times \frac{1}{4} + 8 \times 2 \times 3.14 \times \frac{1}{4} + 4 \times 2 \times 3.14 \times \frac{1}{4} = (8 + 6 + 4 + 2) \times 3.14 = 20 \times 3.14 = 62.8$（cm）

⑨ グラフより，点 E が B についたときの三角形 CED（三角形 CBD）の面積は 40cm²。（三角形の面積）＝（底辺）×（高さ）÷ 2 より，（三角形の底辺）＝（面積）× 2 ÷（高さ）であり，三角形 CBD で，辺 BC を底辺としたときの高さは 8cm なので，辺 BC の長さは，40 × 2 ÷ 8 = 10（cm）

⑩ グラフより，三角形 APD の高さが AB の長さと同じになるとき，三角形 APD の面積が 27cm² になることがわかっているので，AB の長さは，27 ÷ 9 × 2 = 6（cm）　また，点 P が頂点 C にくるのは点 A を出発してから 30 秒後で，このときまでに点 P は，6 + 9 = 15（cm）移動しているので，点 P の移動する速さは，秒速，15 ÷ 30 = 0.5（cm）

第 37 回

| ① 1　② 247　③ 1.5　④ 70（点以上）80（点未満）　⑤ 26　⑥ 18　⑦ 2.4（km）　⑧ 18.84 |
| ⑨ 25.12（cm）　⑩ 94.2（cm²） |

解　説

① 与式 = $\frac{5}{8} \times \frac{4}{15} + \frac{5}{26} \times \frac{13}{3} = \frac{1}{6} + \frac{5}{6} = 1$

② 与式 = (17 + 33) + (21 + 29) + (25 + 41 + 44) + 37 = 50 + 50 + 110 + 37 = 247

③ $1 + \boxed{} \div 2.4 = 26 \div 16 = \frac{13}{8}$ より，$\boxed{} \div 2.4 = \frac{13}{8} - 1 = \frac{5}{8}$　よって，$\boxed{} = \frac{5}{8} \times 2.4 = 1.5$

④ 90 点以上 100 点未満が 2 人，80 点以上 90 点未満が 4 人，70 点以上 80 点未満が 6 人だから，80 点以上の人数は，2 + 4 = 6（人），70 点以上の人数は，6 + 6 = 12（人）になる。よって，点数の高いほうから数えて 10 番目の人は 70 点以上 80 点未満とわかる。

⑤ ニワトリが 50 羽いるとすると，足の数は，2 × 50 = 100（本）　実際の足の数の合計はこれより，152 − 100 = 52（本）多い。ここで，ニワトリ 1 羽をブタ 1 頭にかえると，足の数は，4 − 2 = 2（本）増える。よって，ブタの数は，52 ÷ 2 = 26（頭）

⑥ 42 枚全部が 5 円硬貨だとすると，合計金額は，5 × 42 = 210（円）　ここで，5 円玉 1 枚を 10 円玉 1 枚にかえると 5 円増える。よって，10 円硬貨の枚数は，(300 − 210) ÷ (10 − 5) = 18（枚）

⑦ 1 時間 = 60 分，4km = 4000m より，分速 60m の速さで 60 分歩くと，C 地点まであと，4000 − 60 × 60 = 400（m）手前のところまでしか進めない。分速 60m を分速 80m に 1 分かえるごとに，80 − 60 = 20（m）ずつ長く進めるので，分速 80m で歩いた時間は，400 ÷ 20 = 20（分）　よって，A 地点から B 地点まで，60 − 20 = 40（分）かかったので，60 × 40 = 2400（m）より，2.4km。

⑧ 点 A は右図の太線を描き，半径 5 cm，中心角が 90° のおうぎ形の曲

線部分と，半径 4 cm，中心角が 90° のおうぎ形の曲線部分と，半径

3 cm，中心角が 90° のおうぎ形の曲線部分の和になるから，求める長

さは，$5 \times 2 \times 3.14 \times \frac{90}{360} + 4 \times 2 \times 3.14 \times \frac{90}{360} + 3 \times 2 \times 3.14$

$\times \frac{90}{360} = 18.84$（cm）

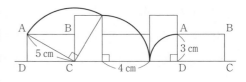

⑨ 点 A が動くのは，右図の太線部分。正三角形の一角の大きさ

は 60° なので，角ア・角イの大きさはどちらも，$180° - 60° =$

120° で，求める長さは，$2 \times 6 \times 3.14 \times \frac{120}{360} \times 2 = 25.12$（cm）

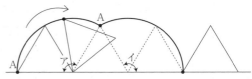

⑩ おうぎ形が通った部分は右図のようになる。直線上の AB の長さは，お

うぎ形の曲線部分 AB の長さと等しいので，$6 \times 2 \times 3.14 \times \frac{60}{360} = 6.28$

（cm）　よって，おうぎ形が通った部分の面積は，$6 \times 6 \times 3.14 \times \frac{90}{360}$

$\times 2 + 6 \times 6.28 = 94.2$（cm²）

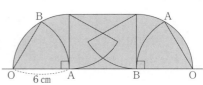

第38回

⓵ $\frac{11}{6}$　⓶ 270　⓷ 679　⓸ $\frac{19}{66}$　⓹ 4　⓺ 6　⓻ 3　⓼ 12.56（cm²）　⓽ 28.5（cm²）　⑩ 50.24

解 説

⓵ 与式 $= \left(\frac{4}{5} + \frac{7}{4} \right) \times \frac{10}{3} - \frac{20}{3} = \frac{51}{20} \times \frac{10}{3} - \frac{20}{3} = \frac{17}{2} - \frac{20}{3} = \frac{51}{6} - \frac{40}{6} = \frac{11}{6}$

⓶ 与式 $= (18 + 42) + (21 + 39) + (24 + 36) + (27 + 33) + 30 = 60 + 60 + 60 + 60 + 30 = 270$

⓷ $37 \times 19 + \boxed{} \div 7 = 800$ より，$\boxed{} \div 7 = 800 - 37 \times 19 = 97$　よって，$\boxed{} = 97 \times 7 = 679$

⓸ 与式 $= \frac{8-3}{8+3} - \frac{7-5}{7+5} = \frac{5}{11} - \frac{1}{6} = \frac{19}{66}$

⓹ 10 回とも表のときの合計点は，$10 \times 10 = 100$（点）　表と裏を 1 回置きかえるごとに，$10 + 3 = 13$（点）ず

つ合計点が減るので，裏が出たのは，$(100 - 22) \div 13 = 6$（回）　よって，表が出たのは，$10 - 6 = 4$（回）

⓺ 10 回とも裏が出たときの点数は，$10 - 1 \times 10 = 0$（点）で，実際の点数より，$18 - 0 = 18$（点）少ない。裏の

かわりに表が 1 回出るごとに点数は，$1 + 2 = 3$（点）多くなるので，表が出た回数は，$18 \div 3 = 6$（回）

⓻ A のあめ玉は，$12 - 9 = 3$（個）減っているから，$3 \div 3 = 1$（回）A が多く負けたことになる。よって，A が

勝ったのは，$(7 - 1) \div 2 = 3$（回）

⓼ 辺 AC が通ったのは，右図の色をつけた部分。斜線部分を移動させると，半径が 5 cm で

中心角が 90° のおうぎ形から半径が 3 cm で中心角が 90° のおうぎ形を取りのぞいた図形

になる。よって，求める面積は，$5 \times 5 \times 3.14 \div 4 - 3 \times 3 \times 3.14 \div 4 = 12.56$（cm²）

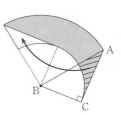

9　右図より，かげをつけた部分の面積は，半径 20cm，中心角 45°のおうぎ形の面積から，半径 10cm，中心角 90°のおうぎ形の面積と直角をはさむ 2 辺の長さが 10cm の直角二等辺三角形の面積をのぞいたものになる。よって，$20 \times 20 \times 3.14 \times \dfrac{45}{360} - 10 \times 10 \times 3.14 \times \dfrac{90}{360} - 10 \times 10 \div 2 = 28.5\,(\text{cm}^2)$

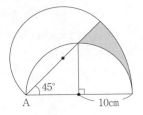

10　円 O の中心が動くのは，右図の太線部分。三角形 ABC，ABD はともに正三角形なので，半径 6cm，中心角が，$360° - 60° \times 2 = 240°$ のおうぎ形の曲線部分 2 つ分の長さを求めることになる。よって，$6 \times 2 \times 3.14 \times \dfrac{240}{360} \times 2 = 50.24$ (cm)

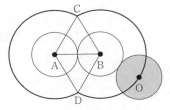

第39回

1　$\dfrac{7}{15}$　　2　153　　3　$\dfrac{5}{14}$　　4　36　　5　86　　6　8　　7　11　　8　44.56 (cm^2)　　9　72.84 (cm)

10　11.44 (cm^2)

解 説

1　与式 $= \dfrac{28}{25} \times \left(\dfrac{7}{4} - \dfrac{4}{3} \right) = \dfrac{28}{25} \times \dfrac{5}{12} = \dfrac{7}{15}$

2　9 と 25，11 と 23，13 と 21，…，のように 2 つの数を組にすると，$9 + 25 = 34$ の組が 4 組と 17 の和となる。よって，与式 $= 34 \times 4 + 17 = 153$

3　$14 \times \left(\dfrac{7}{10} - \boxed{} \right) = 5 - \dfrac{1}{5} = \dfrac{24}{5}$ より，$\dfrac{7}{10} - \boxed{} = \dfrac{24}{5} \div 14 = \dfrac{12}{35}$　よって，$\boxed{} = \dfrac{7}{10} - \dfrac{12}{35} = \dfrac{5}{14}$

4　求める数は，$191 - 11 = 180$ と，$115 - 7 = 108$ の公約数のうち，11 より大きいもので，12，18，36。よって，最も大きい数は 36。

5　参加した 207 人全員が中学生だったとすると，必要なおかしは，$2 \times 207 = 414$（個）で，実際に配ったおかしよりも，$500 - 414 = 86$（個）少ない。中学生の代わりに小学生が 1 人いるごとに，必要なおかしは，$3 - 2 = 1$（個）多くなるので，参加者のうち，小学生は，$86 \div 1 = 86$（人）

6　箱をのぞいた代金は，$2820 - 100 = 2720$（円）　シュークリームだけを 12 個買うと，代金は，$180 \times 12 = 2160$（円）　シュークリーム 1 つをケーキ 1 つに代えるごとに代金は，$250 - 180 = 70$（円）増えるので，買ったケーキは，$(2720 - 2160) \div (250 - 180) = 8$（個）

7　120 円と 160 円のノートを同じ冊数買ったので，1 冊あたり，$(120 + 160) \div 2 = 140$（円）で買ったことになる。1 冊あたり 140 円のノートを 29 冊買うと，代金は，$140 \times 29 = 4060$（円）で，実際の代金よりも，$4060 - 3620 = 440$（円）高い。1 冊あたり 140 円のノートの代わりに 1 冊 100 円のノートを買うごとに，代金は，$140 - 100 = 40$（円）少なくなるので，買った 100 円のノートは，$440 \div 40 = 11$（冊）

⑧ 円が通過する部分は，右図のかげをつけた部分になる。このうち，長方形の部分は，直角をはさむ2辺の長さが2cmと3cmの長方形2つと，2cmと5cmの長方形が2つで，おうぎ形の部分は，4つ合わせると半径2cmの円1個分になるから，求める面積は，$(2 \times 3 + 2 \times 5) \times 2 + 2 \times 2 \times 3.14 = 44.56 \,(\text{cm}^2)$

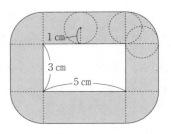

⑨ 円が正三角形のまわりを1周する様子は右図のようになり，円の中心が動いてできる線はこの図の太線部分になる。太線部分を直線部分と曲線部分に分けて考えると，直線部分は正三角形の1辺の長さと等しい18cmが3本で，$18 \times 3 = 54 \,(\text{cm})$　曲線部分は半径3cm，中心角，$360° - (90° \times 2 + 60°) = 120°$ のおうぎ形の曲線部分が3本で，$3 \times 2 \times 3.14 \times \dfrac{120}{360} \times 3 = 18.84 \,(\text{cm})$　よって，円の中心が動いてできる線の長さは，$54 + 18.84 = 72.84 \,(\text{cm})$

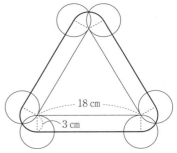

⑩ 円が通るのは右図の斜線部分。アの部分は，1辺が2cmの正方形から，半径が2cmで中心角が90°のおうぎ形を取りのぞいた部分。その面積は，$2 \times 2 - 2 \times 2 \times 3.14 \times \dfrac{90}{360} = 0.86 \,(\text{cm}^2)$　また，イの長方形のたては，$10 - 4 \times 2 = 2 \,(\text{cm})$，横は，$12 - 4 \times 2 = 4 \,(\text{cm})$ の長方形なので，面積は，$2 \times 4 = 8 \,(\text{cm}^2)$　よって，求める面積は，$0.86 \times 4 + 8 = 11.44 \,(\text{cm}^2)$

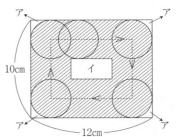

第40回

⓵ $\dfrac{20}{3}$　⓶ 308　⓷ 50　⓸ 988　⓹ 15（分後）　⓺ 4.5

⓻ （Aさんは分速）90（m）　（Bさんは分速）60（m）　⓼ 600　⓽ 72（cm³）　⓾ イ $\dfrac{1}{3}$（倍）　ウ $\dfrac{2}{3}$（倍）

解説

⓵ 与式 $= 6 + \dfrac{12}{5} \times \dfrac{5}{4} - \dfrac{14}{9} \times \dfrac{3}{2} = 6 + 3 - \dfrac{7}{3} = \dfrac{27}{3} - \dfrac{7}{3} = \dfrac{20}{3}$

⓶ 与式 $= 11 + 22 + 33 + 44 + 55 + 66 + 77 = 11 \times (1 + 2 + 3 + 4 + 5 + 6 + 7) = 11 \times \{(1 + 7) \times 7 \div 2\} = 11 \times 28 = 308$

⓷ $78 \times \boxed{} = 39 \times 37 + 39 \times 63 = 39 \times (37 + 63) = 3900$ より，$\boxed{} = 3900 \div 78 = 50$

⓸ 5で割ると3余る数に2をたすと5の倍数になり，6で割ると4余る数に2をたすと6の倍数になるから，5で割ると3余り，6で割ると4余る数は，5と6の公倍数である30の倍数より2小さい数ということになる。よって，$999 \div 30 = 33$ 余り9より，$30 \times 33 - 2 = 988$　条件を満たす3けたの整数でこれより大きいものはないから，求める整数は988。

⓹ 弟が出発するとき，兄は家から，$60 \times 5 = 300 \,(\text{m})$ 歩いたところにいる。弟と兄のきょりは1分ごとに，$80 - 60 = 20 \,(\text{m})$ 縮まるため，弟が兄に追いつくのは弟が出発してから，$300 \div (80 - 60) = 15 \,(\text{分後})$

⓺ 2人は1時間に，$5 + 3 = 8 \,(\text{km})$ ずつはなれていく。よって，36kmはなれるのは，$36 \div 8 = 4.5 \,(\text{時間後})$

⓻ 反対方向に歩くと，6分で2人の歩いたきょりの和が900mになるので，AさんとBさんの速さの和は，分速，$900 \div 6 = 150 \,(\text{m})$　同じ方向に回ると，30分でAさんはBさんよりも1周分多く歩くので，速さの差

は，分速，$900 \div 30 = 30$（m）　よって，A さんの速さは分速，$(150 + 30) \div 2 = 90$（m）　B さんの速さは分速，$150 - 90 = 60$（m）

⑧ すい体の体積は，(底面積)×(高さ)×$\dfrac{1}{3}$ で求まるので，$10 \times 15 \times 12 \times \dfrac{1}{3} = 600$（cm³）

⑨ 三角形 AEF の面積は，$6 \times 6 \div 2 = 18$（cm²）　三角形 AEF を底面積として三角すいをみると，BC が高さに相当する。よって，$18 \times 12 \times \dfrac{1}{3} = 72$（cm³）

⑩ 次図 1 の太線の三角すいは，底面積が立方体の $\dfrac{1}{2}$ で，高さは等しいので，体積は，$\dfrac{1}{2} \times 1 \div 3 = \dfrac{1}{6}$　次図 2 のように，立体⑦の 4 つの頂点を結んだ三角すいが立体⑦で，これは立方体から体積が $\dfrac{1}{6}$ の三角すいを 4 つ切り取った立体なので，立体⑦の体積は立体⑦の体積の，$1 - \dfrac{1}{6} \times 4 = \dfrac{1}{3}$（倍）　次図 3 のように，立体⑦の面の対角線の長さが 1 辺の正方形を底面とし，立体⑦の上の面の対角線が交わった点をもう 1 つの頂点とする四角すいをつくる。この図 3 で，PS と QR は平行で，ともに立体⑦の面の対角線の長さの半分，つまり，PS = QR なので，四角形 PQRS は平行四辺形。よって，PQ = SR　これより，この四角すいは，辺の長さがすべて立体⑦の面の対角線の長さとわかるので，立体⑦になる。この四角すいの底面積は立方体の底面積の 2 倍で，高さは立体⑦と等しいので，立体⑦の体積は立体⑦の体積の，$2 \times 1 \div 3 = \dfrac{2}{3}$（倍）

図 1　　　　　　　図 2　　　　　　　図 3

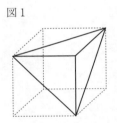 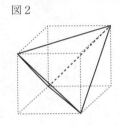 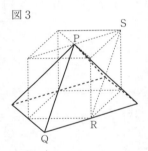

第 41 回

$\boxed{1}$ $\dfrac{146}{105}$　$\boxed{2}$ 6.6666　$\boxed{3}$ 5　$\boxed{4}$ 692　$\boxed{5}$ 16　$\boxed{6}$ 12（分）　$\boxed{7}$ 750（m）

$\boxed{8}$ (1) 37.68（cm³）　(2) 75.36（cm²）　$\boxed{9}$ $\dfrac{65}{18}$　$\boxed{10}$ 1256

解 説

$\boxed{1}$ 与式 $= \dfrac{27}{10} - \dfrac{5}{3} + \dfrac{5}{14} = \dfrac{567}{210} - \dfrac{350}{210} + \dfrac{75}{210} = \dfrac{146}{105}$

$\boxed{2}$ 一の位の数だけ計算すると，$1 + 2 + 3 + 4 + 5 - 9 = 6$ で，小数点以下の位も，それぞれの位で数を計算すると同様に 6 になるので，与式 $= 6.6666$

$\boxed{3}$ $(2 \times \boxed{} - 1) \div 3 = 6 - 3 = 3$ より，$2 \times \boxed{} - 1 = 3 \times 3 = 9$　よって，$\boxed{} = (9 + 1) \div 2 = 5$

$\boxed{4}$ $1\,\mathrm{km} = 1000\,\mathrm{m}$ より，0.75km は，$1000 \times 0.75 = 750$（m）　$1\,\mathrm{m} = 100\,\mathrm{cm}$ より，8300cm は，$8300 \div 100 = 83$（m）　よって，与式 $= 750\mathrm{m} + 25\mathrm{m} - 83\mathrm{m} = 692$（m）

$\boxed{5}$ 2 人は 1 分間に，$70 + 80 = 150$（m）ずつ近づくので，$2400 \div 150 = 16$（分後）

$\boxed{6}$ A と B の走る速さの比は，$200 : 150 = 4 : 3$　同じきょりを走るのにかかる時間の比は，速さの比の逆の比に

なるので，AとBがマラソンでかかった時間の比は，3：4　この比の，4 − 3 = 1にあたる時間が4分で，A がスタートしてからゴールするまでにかかった時間は3にあたるので，4 × 3 = 12（分）

7　1秒 = $\frac{1}{60}$ 分より，2分30秒 = $2\frac{30}{60}$ 分　兄が公園に着いたとき，弟は公園まで，$60 \times 2\frac{30}{60} = 150$（m）の地点

にいる。兄は弟より1分間に，75 − 60 = 15（m）多く歩くので，兄が家を出てから公園に着くまでにかかった時間は，150 ÷ 15 = 10（分）　よって，家から公園までの道のりは，75 × 10 = 750（m）

8 (1) 円すいの体積は，$3 \times 3 \times 3.14 \times 4 \times \frac{1}{3} = 37.68$（cm³）

(2) 展開図におけるおうぎ形の曲線部分の長さが底面の円の円周の長さと等しくなることを考えると，円すいの

表面積は，$3 \times 3 \times 3.14 + 5 \times 5 \times 3.14 \times \frac{3 \times 2 \times 3.14}{5 \times 2 \times 3.14} = 75.36$（cm²）

9　展開図におけるおうぎ形の曲線部分の長さは，$10 \times 2 \times 3.14 \times \frac{130}{360} = \frac{65}{9} \times 3.14$（cm）　これは底面の円の

円周の長さと等しいので，底面の半径の長さは，$\frac{65}{9} \times 3.14 \div 3.14 \div 2 = \frac{65}{18}$（cm）

10　この円すいの側面積は，30 × 30 × 3.14 ÷ 3 = 300 × 3.14（cm²）　また，この円すいを展開したときの側面のおうぎ形の曲線部分の長さは，30 × 2 × 3.14 ÷ 3 = 20 × 3.14（cm）で，これが底面の円周になるので，底面の半径は，20 × 3.14 ÷ 3.14 ÷ 2 = 10（cm）　よって，この円すいの底面積は，10 × 10 × 3.14 = 100 × 3.14（cm²）で，表面積は，100 × 3.14 + 300 × 3.14 = 1256（cm²）

第42回

1 $\frac{4}{5}$　2 9　3 $\frac{32}{63}$　4 617.4　5 1500（m）　6 ① （分速）120（m）　② 12（時）6（分）
7 11（分）15（秒）　8 25.12（cm³）　9 4：9　10 144（cm³）

解　説

1　与式 = $\frac{16}{7} \times \frac{7}{5} \times \frac{1}{4} = \frac{4}{5}$

2　与式 = 2 × (17 × 4 + 17 × 9 × 3 − 17 × 11 × 2) ÷ 34 = 2 × 17 × (4 + 27 − 22) ÷ 34 = 34 × 9 ÷ 34 = 9

3　$\frac{16}{5} \div 1.8 = \frac{16}{5} \times \frac{10}{18} = \frac{16}{9}$ より，$\frac{16}{9} + \boxed{} = 1 \times 2\frac{2}{7} = \frac{16}{7}$　よって，$\boxed{} = \frac{16}{7} - \frac{16}{9} = \frac{32}{63}$

4　与式 = 570kg + 38kg + 9.4kg = 617.4kg

5　1回目に出会うまでに弟は600m進んだ。1回目に出会ってから2回目に兄と弟が出会うまでに2人が進む距離の和は，2人が1回目に出会うまでに進む距離の和の2倍である。そのため，2回目に出会うまでに弟が進んだのは，600 × 2 = 1200（m）となるので，求める距離は，600 + 1200 − 300 = 1500（m）

6　① 1800mを15分で進むから分速，1800 ÷ 15 = 120（m）　② 妹の進む速さは分速，1800 ÷ 10 = 180（m）したがって，2人は毎分，120 + 180 = 300（m）ずつ近づく。よって，1800 ÷ 300 = 6（分）より，求める時刻は12時6分。

7　太郎君がB地点を，次郎君がA地点を折り返した後に，2人は2回目にすれ違うので，2人が2回目にすれ違うまでに進む道のりの和は，AB間の道のりの3倍。2人は1分間に合わせて，160 + 200 = 360（m）進むので，AB間の道のりは，360 × 15 ÷ 3 = 1800（m）　よって，太郎君がA地点を出発してからB地点に着くまでにかかる時間は，$1800 \div 160 = 11\frac{1}{4} = 11\frac{15}{60}$（分）より，11分15秒。

$\boxed{8}$ もとの円すいの体積の，$\dfrac{360-120}{360} = \dfrac{2}{3}$ だから，$3 \times 3 \times 3.14 \times 4 \times \dfrac{1}{3} \times \dfrac{2}{3} = 25.12$ (cm³)

$\boxed{9}$ 底面の円の面積の比は，$(2 \times 2 \times 3.14) : (3 \times 3 \times 3.14) = (4 \times 3.14) : (9 \times 3.14) = 4 : 9$　高さが等しい
円すいの体積の比は，底面積の比と等しくなるので，円すい A，B の体積の比は 4 : 9。

$\boxed{10}$ 三角形 ADC は三角形 HGC の拡大図で，その比は AD : HG = 3 : 1 となるので，DC $= 8 \times \dfrac{3}{3-1} = 12$cm

よって，BC = DC = 12cm　底面が直角二等辺三角形 DBC で，高さが，AD = 6 cm なので，求める体積は，
$(12 \times 12 \div 2) \times 6 \div 3 = 144$ (cm³)

第43回

$\boxed{1}$ $\dfrac{4}{15}$　$\boxed{2}$ $\dfrac{88}{5}$　$\boxed{3}$ 829　$\boxed{4}$ 23000　$\boxed{5}$ 28.8　$\boxed{6}$ (順に) 2, 21　$\boxed{7}$ $\dfrac{81}{5}$　$\boxed{8}$ 408.2 (cm²)

$\boxed{9}$ 87.92 (cm³)　$\boxed{10}$ 314 (cm³)

解 説

$\boxed{1}$ 与式 $= \left(\dfrac{7}{3} - \dfrac{3}{5} \right) \times \left(\dfrac{1}{2} - \dfrac{1}{14} \right) \div \left(\dfrac{7}{2} - \dfrac{5}{7} \right) = \dfrac{26}{15} \times \dfrac{3}{7} \div \dfrac{39}{14} = \dfrac{26}{15} \times \dfrac{3}{7} \times \dfrac{14}{39} = \dfrac{4}{15}$

$\boxed{2}$ 与式 $= \left(2 \times \dfrac{2}{5} + 6 \times \dfrac{3}{5} + 8 \times \dfrac{2}{5} \right) + \left(2 \times \dfrac{3}{7} + 4 \times \dfrac{3}{7} + 8 \times \dfrac{3}{7} \right) + \left(2 \times \dfrac{1}{9} + 4 \times \dfrac{1}{9} + 6 \times \dfrac{2}{9} \right)$

$+ \left(4 \times \dfrac{2}{11} + 6 \times \dfrac{1}{11} + 8 \times \dfrac{1}{11} \right) = \dfrac{38}{5} + 6 + 2 + 2 = \dfrac{88}{5}$

$\boxed{3}$ $2018 - \dfrac{\boxed{} \times 4}{2} = 20 \times 18$ より，$2018 - \boxed{} \times 2 = 360$ だから，$\boxed{} \times 2 = 2018 - 360 = 1658$

よって，$\boxed{} = 1658 \div 2 = 829$

$\boxed{4}$ $1\,\text{m}^3 = 1000000\,\text{cm}^3$ より，与式 $= 3000\,\text{cm}^3 + 20000\,\text{cm}^3 = 23000\,\text{cm}^3$

$\boxed{5}$ 時速 90 km は秒速，$90 \times 1000 \div 3600 = 25$ (m)　電車が橋を渡りはじめてから渡りきるまでに進む道のり
は，$480 + 240 = 720$ (m) だから，かかる時間は，$720 \div 25 = 28.8$ (秒)

$\boxed{6}$ この列車は，$60 + 6 = 66$ (秒) で，$1500 - 180 = 1320$ (m) 進むので，速さは秒速，$1320 \div 66 = 20$ (m)
この列車は 3000m のトンネルに完全に入っているときに，$3000 - 180 = 2820$ (m) 進むので，かかる時間は，
$2820 \div 20 = 141$ (秒)　$141 \div 60 = 2$ あまり 21 より，これは 2 分 21 秒。

$\boxed{7}$ 時速 80km は秒速，$80 \times 1000 \div 3600 = \dfrac{200}{9}$ (m) だから，$360 \div \dfrac{200}{9} = \dfrac{81}{5}$ (秒)

$\boxed{8}$ 底面の円の半径が 5 cm，高さが 8 cm の円柱ができる。よって，表面積は，$5 \times 5 \times 3.14 \times 2 + 5 \times 2 \times 3.14 \times 8 = 408.2$ (cm²)

$\boxed{9}$ できる立体は，右図のように底面の半径が 4 cm の円すいから，底面の半径が 2 cm の円す
いを切り取ったものと考えることができる。切り取った円すいと，残った立体の高さの比は，
$2 : (4 - 2) = 1 : 1$ だから，切り取った円すいの高さは 3 cm となる。よって，$4 \times 4 \times 3.14$
$\times (3 + 3) \times \dfrac{1}{3} - 2 \times 2 \times 3.14 \times 3 \times \dfrac{1}{3} = 87.92$ (cm³)

$\boxed{10}$ できた円すいの高さは 12cm なので，$5 \times 5 \times 3.14 \times 12 \div 3 = 314$ (cm³)

第44回

1　$\dfrac{7}{8}$　　2　8850　　3　$\dfrac{27}{5}$　　4　83　　5　140（m）　　6　482　　7　（時速）90.8（km）　　8　30.144（cm^3）

9　213.52（cm^2）　　10　15700

解　説

1　与式＝$\dfrac{5}{4} \div \left\{ \dfrac{6}{5} \times \left(\dfrac{1}{2} + \dfrac{1}{3} \right) + \dfrac{3}{7} \right\} = \dfrac{5}{4} \div \left(\dfrac{6}{5} \times \dfrac{5}{6} + \dfrac{3}{7} \right) = \dfrac{5}{4} \div \left(1 + \dfrac{3}{7} \right) = \dfrac{5}{4} \times \dfrac{7}{10} = \dfrac{7}{8}$

2　与式＝$199 \times 59 - 141 \times 59 + 141 \times 49 - 59 \times 49 + 59 \times 141 - 49 \times 141 = 199 \times 59 - 59 \times 49 =$
$(199 - 49) \times 59 = 150 \times 59 = 8850$

3　$\boxed{} \div 18 \times \dfrac{1}{6} = \dfrac{1}{4} - \dfrac{1}{5} = \dfrac{1}{20}$ より，$\boxed{} \div 18 = \dfrac{1}{20} \div \dfrac{1}{6} = \dfrac{3}{10}$ なので，$\boxed{} = \dfrac{3}{10} \times 18 =$
$\dfrac{27}{5}$

4　5回のテストの合計点は，$75 \times 5 = 375$（点）で，4回目までのテストの合計点は，$73 \times 4 = 292$（点）より，5回目の得点は，$375 - 292 = 83$（点）

5　$72000 \div 3600 = 20$ より，秒速20mで32秒間に進む距離は，$20 \times 32 = 640$（m）　よって，電車の長さは，$640 - 500 = 140$（m）

6　列車が進んだ距離は，$16 \times 37 = 592$（m）　よって，鉄橋の長さは，$592 - 110 = 482$（m）

7　快速電車は，普通電車に追いついてから追いこすまでに2つの電車の長さの和，$228 + 133 = 361$（m）だけ普通電車より多く走る。これにかかる時間が38秒なので，普通電車の速さは快速電車より秒速，$361 \div 38 = 9.5$（m）だけおそい。これは，時速，$9.5 \times 60 \times 60 \div 1000 = 34.2$（km）なので，普通電車の速さは時速，$125 - 34.2 = 90.8$（km）

8　右図のように，A から直線 ℓ にひいた垂直な直線を AD とする。角 ADC ＝角 BAC ＝ 90°，角 DCA ＝角 ACB より，三角形 DAC は三角形 ABC の縮図で，DA：AC：CD ＝ AB：BC：CA ＝ 4：5：3 なので，DA ＝ $3 \times \dfrac{4}{5} = 2.4$（cm），CD ＝ $3 \times \dfrac{3}{5} = 1.8$（cm），BD ＝ $5 - 1.8 = 3.2$（cm）　三角形 ABC を，直線 ℓ を軸にして1回転させたときにできる立体は，底面が半径 DA の円で高さが CD の円すいと，底面が半径 DA の円で高さが BD の円すいを合わせた立体なので，その体積は，$2.4 \times 2.4 \times 3.14 \times 1.8 \div 3 + 2.4 \times 2.4 \times 3.14 \times 3.2 \div 3 = 30.144$（cm^3）

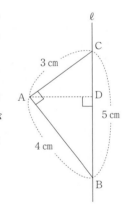

9　右図のような，底面の半径が2cm，高さが3cm の円柱と，底面の半径が4cm，高さが3cm の円柱を合わせた立体ができる。この立体を上下から見ると，半径が4cm の円に見えるから，底面積は，$4 \times 4 \times 3.14 = 16 \times 3.14$（cm^2）　側面積はそれぞれの円柱の側面積の和になるから，$2 \times 2 \times 3.14 \times 3 + 4 \times 2 \times 3.14 \times 3 = 36 \times 3.14$（cm^2）　よって，表面積は，$16 \times 3.14 \times 2 + 36 \times 3.14 = 68 \times 3.14 = 213.52$（cm^2）

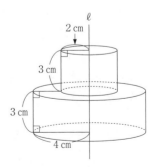

[10] 右図のような底面が半径，20 − 10 = 10 (cm) の円で高さが 10cm の円柱①と，底面が半径 20cm の円で高さが 10cm の円柱②を合わせた立体ができる。円柱①の体積は，10 × 10 × 3.14 × 10 = 1000 × 3.14 (cm³) で，円柱②の体積は，20 × 20 × 3.14 × 10 = 4000 × 3.14 (cm³) なので，求める体積は，1000 × 3.14 + 4000 × 3.14 = 5000 × 3.14 = 15700 (cm³)

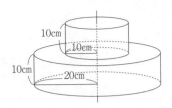

第45回

[1] $\frac{1}{4}$ [2] 7 [3] 2 [4] 0.06 [5] 240 [6] (時速) 72 (km) [7] 90 [8] 2355 (cm³)

[9] ア．1281 イ．12 [10] 31.4 (cm³)

解説

[1] 与式 $= \left(\frac{7}{3} - \frac{12}{25} \times \frac{5}{4} \right) \times \frac{5}{8} - \frac{5}{6} = \left(\frac{7}{3} - \frac{3}{5} \right) \times \frac{5}{8} - \frac{5}{6} = \frac{26}{15} \times \frac{5}{8} - \frac{5}{6} = \frac{13}{12} - \frac{5}{6} = \frac{1}{4}$

[2] 与式 $= (2018 - 3 + 2018 - 2 + 2018 - 1 + 2018 + 2018 + 1 + 2018 + 2 + 2018 + 3) \div 2018 = (2018 \times 7) \div 2018 = 7$

[3] $4 \times (6 \times \boxed{} - 5) = 25 + 3 = 28$ より，$6 \times \boxed{} - 5 = 28 \div 4 = 7$　よって，$6 \times \boxed{} = 7 + 5 = 12$ より，$\boxed{} = 12 \div 6 = 2$

[4] 1000cm³ = 0.001m³ より，0.001 × 60 = 0.06 (m³)

[5] 列車 A と B の長さの和は，(31 + 24) × 8 = 440 (m)　よって，列車 B の長さは，440 − 200 = 240 (m)

[6] 電車と鉄橋の長さの和を走るのに 1 分 40 秒かかり，電車とトンネルの長さの和を走るのに 1 分かかるので，その差の，1600 − 800 = 800 (m) を電車が進むのに 40 秒かかる。よって，電車の速さは時速，800 ÷ 40 × 60 × 60 ÷ 1000 = 72 (km)

[7] 電車がもう一方の電車を追い越すのにかかる時間とすれ違うのにかかる時間の比は，45：5 = 9：1　2 台の電車の速さの差と和の比はこの逆比なので，1：9 となる。この比の，(9 − 1) ÷ 2 = 4 にあたる速さが，時速 72km で，もう一方の電車の速さは，9 − 4 = 5 にあたるので，時速，72 ÷ 4 × 5 = 90 (km)

[8] できる立体は，底面の半径が，5 + 5 = 10 (cm) で，高さが 10cm の円柱から，底面の半径が 5 cm で，高さが 10cm の円柱を取りのぞいたものになる。よって，体積は，10 × 10 × 3.14 × 10 − 5 × 5 × 3.14 × 10 = 2355 (cm³)

[9] できる立体は右図のようになり，表面積は，半径 8cm の円の面積と，半径 8cm の円から半径，8 − 3 = 5 (cm) の円をひいた面積と，底面の半径が 8cm，高さが 15cm の円柱の側面積と，くりぬいてある円すいの側面積の和になる。円すいは，底面の半径が 5cm，母線の長さが 13cm だから，側面の展開図は，半径 13cm，中心角が 360°の，$\frac{5 \times 2 \times 3.14}{13 \times 2 \times 3.14} = \frac{5}{13}$ (倍) であるおうぎ形になる。よって，求める表面積は，8 × 8 × 3.14 + (8 × 8 × 3.14 − 5 × 5 × 3.14) + 15 × (2 × 8 × 3.14) + 13 × 13 × 3.14 × $\frac{5}{13}$ = 1281.12 (cm²)

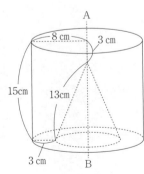

[10] 底面の半径が 2cm で高さが 3cm の円柱から，底面の半径が 2cm で高さが，3 ÷ 2 = 1.5 (cm) の円すいを取りのぞいた立体ができる。よって，2 × 2 × 3.14 × 3 − 2 × 2 × 3.14 × 1.5 × $\frac{1}{3}$ = 31.4 (cm³)

第46回

$\boxed{1}$ 7.49　$\boxed{2}$ 2479　$\boxed{3}$ 72.5　$\boxed{4}$ 0.02　$\boxed{5}$ $\dfrac{15}{8}$　$\boxed{6}$ （川の流れ）（毎時）4（km）　（船）（毎時）10（km）

$\boxed{7}$ 1（時間）12（分）　$\boxed{8}$ 16（cm³）　$\boxed{9}$ 942　$\boxed{10}$ 9（cm³）

解　説

$\boxed{1}$ 与式 $= 20 - \dfrac{5}{8} + 7.24 - \dfrac{153}{8} = 20 - \dfrac{158}{8} + 7.24 = \dfrac{1}{4} + 7.24 = 0.25 + 7.24 = 7.49$

$\boxed{2}$ 与式 $= 4 \times 37 \times 4 \times 67 - 5 \times 37 \times 3 \times 67 = 16 \times 37 \times 67 - 15 \times 37 \times 67 = (16 - 15) \times 37 \times 67 =$
$37 \times 67 = 2479$

$\boxed{3}$ $(2.5 + \boxed{}) \times \dfrac{2}{15} = 8.4 + 1.6 = 10$ より, $2.5 + \boxed{} = 10 \div \dfrac{2}{15} = 75$　よって, $\boxed{} = 75 - 2.5 =$
72.5

$\boxed{4}$ $1\,\text{m}^3 = 1000\text{L}$ より, $20 \div 1000 = 0.02\,(\text{m}^3)$

$\boxed{5}$ ボートの上りと下りの速さの比は, $(4 - 1) : (4 + 1) = 3 : 5$ なので, 上りと下りにかかる時間の比は, $\dfrac{1}{3}$:
$\dfrac{1}{5} = 5 : 3$　よって, 下りにかかる時間は, $1 \times \dfrac{3}{3 + 5} = \dfrac{3}{8}$（時間）になるので, $5 \times \dfrac{3}{8} = \dfrac{15}{8}$（km）

$\boxed{6}$ 下りの速さは毎時, $42 \div 3 = 14$（km）で, 上りの速さは毎時, $42 \div 7 = 6$（km）　上りと下り速さの差は, 川
の流れの速さの2倍にあたるので, 川の流れの速さは毎時, $(14 - 6) \div 2 = 4$（km）　また, 静水での船の速さ
は毎時, $14 - 4 = 10$（km）

$\boxed{7}$ 上りの速さは時速, $18 \div 2 = 9$（km）なので, 川の流れの速さは時速, $12 - 9 = 3$（km）　したがって, 下り
の速さは時速, $12 + 3 = 15$（km）になるので, $18 \div 15 = 1.2$（時間）　$0.2 \times 60 = 12$（分）より, 1時間12分。

$\boxed{8}$ この立体を2個組み合わせると, 右図のように高さが, $3 + 5 = 8$（cm）の直方体ができる。
　よって, この立体の体積は, $2 \times 2 \times 8 \div 2 = 16$（cm³）

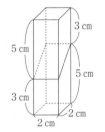

$\boxed{9}$ この立体を2個組み合わせると, 右図のように底面が半径5cmの円で, 高さが, $20 + 4 =$
24（cm）の円柱になるので, この立体の体積は, $5 \times 5 \times 3.14 \times 24 \div 2 = 942$（cm³）

$\boxed{10}$ この立体は, 右図のように1辺の長さが3cmの立方体①から, 底面が直
　角をはさむ辺がともに3cmの直角二等辺三角形で, 高さが3cmの三角す
　い②を4個切り取った立体。立方体①の体積は, $3 \times 3 \times 3 = 27$（cm³）で,
　三角すい②の体積は, $3 \times 3 \div 2 \times 3 \div 3 = 4.5$（cm³）　よって, 求める体
　積は, $27 - 4.5 \times 4 = 9$（cm³）

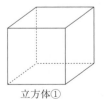

立方体①　　　三角すい②

第47回

---

1 $\dfrac{91}{30}$　　2 4.5　　3 $\dfrac{16}{21}$　　4 ① 2　② 46　③ 40　　5 40（秒）　　6 （時速）27（km）　　7 3　　8 63（cm³）

9 ③　　10 $\dfrac{178}{3}$（cm³）

解 説

1 与式 $= \left(\dfrac{17}{10} - \dfrac{5}{3}\right) \times 100 - \dfrac{3}{10} = \dfrac{1}{30} \times 100 - \dfrac{3}{10} = \dfrac{100}{30} - \dfrac{9}{30} = \dfrac{91}{30}$

2 与式 $= 0.3 \times 41 \times \dfrac{7}{41} + 0.3 \times 152 \times \dfrac{5}{152} + 0.3 \times 263 \times \dfrac{3}{263} = 2.1 + 1.5 + 0.9 = 4.5$

3 $1.5 \div \dfrac{5}{8} = \dfrac{3}{2} \times \dfrac{8}{5} = \dfrac{12}{5}$ より，$7 \times \boxed{} = 2\dfrac{14}{15} + \dfrac{12}{5} = \dfrac{44}{15} + \dfrac{36}{15} = \dfrac{16}{3}$　よって，$\boxed{} = \dfrac{16}{3} \div 7 = \dfrac{16}{21}$

4 1時間は，$60 \times 60 = 3600$（秒），1分は60秒なので，$10000 \div 3600 = 2$ 余り 2800，$2800 \div 60 = 46$ 余り 40 より，10000 秒 $= 2$ 時間 46 分 40 秒

5 分速60mのときと分速80mのときのかかる時間の比は，$30 : 24 = 5 : 4$ で，速さの比は $4 : 5$。この速さの比の差，$5 - 4 = 1$ が1分間に進む距離の差，$80 - 60 = 20$（m）にあたるので，分速60mで歩いたときの1分間に進む距離は，$20 \times \dfrac{4}{1} = 80$（m）　よって，歩道の長さは，$80 \times \dfrac{30}{60} = 40$（m），動く歩道の速さは分速，$80 - 60 = 20$（m）なので，$40 \div (40 + 20) = 40 \div 60 = \dfrac{2}{3}$（分）$= 40$（秒）

6 行きの時間の方が短いので，行きは川を下り，帰りは川を上ったことになる。下りの速さは時速，$60 \div 2 = 30$（km）で，上りの速さは時速，$60 \div 2.5 = 24$（km）　よって，流れのないときの船の速さは時速，$(30 + 24) \div 2 = 27$（km）

7 川を上るときの速さは毎時，$36 \div 3 = 12$（km）　川を下るときの速さは毎時，$36 \div (5 - 3) = 18$（km）　よって，川の流れは毎時，$(18 - 12) \div 2 = 3$（km）

8 右図のように，MF，CG，NH の延長の交点を P とすると，三角すい P—FGH ができる。$MC = NC = 6 \div 2 = 3$（cm）　三角形 PMC と三角形 PFG は拡大・縮小の関係だから，$PC : PG = MC : FG = 1 : 2$ より，$PG = 6 \times 2 = 12$（cm），$PC = 12 - 6 = 6$（cm）　よって，三角すい P—FGH の体積は，$6 \times 6 \div 2 \times 12 \div 3 = 72$（cm³），三角すい P—MCN の体積は，$3 \times 3 \div 2 \times 6 \div 3 = 9$（cm³）となるから，求める体積は，$72 - 9 = 63$（cm³）

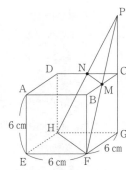

9 右図のように立体アを2つ組み合わせると，高さが8cm の直方体ができる。したがって，立体アの体積は，$30 \times 8 \div 2 = 120$（cm³）　もとの直方体の体積は，$30 \times 15 = 450$（cm³）なので，$120 \div 450 = \dfrac{4}{15}$（倍）

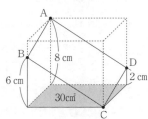

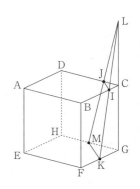

10 右図のように IK と CG をのばして交わる点を L とし，直線 LJ が HG と交わる点

をMとすると，切り口は面 IJMK になる。このとき，$IC = 4 \times \dfrac{1}{1+3} = 1$（cm）で，

$KG = 4 \div 2 = 2$（cm）なので，三角形 LIC と三角形 LKG で拡大・縮小の関係より，

$LC : LG = IC : KG = 1 : 2$　これより，$LC : CG = 1 : (2-1) = 1 : 1$ となり，LC

は4cm。切った後の頂点 G を含む立体の体積は，三角すい LMKG から三角すい LJIC

をのぞいたものなので，$\dfrac{1}{3} \times (2 \times 2 \div 2) \times 8 - \dfrac{1}{3} \times (1 \times 1 \div 2) \times 4 = \dfrac{14}{3}$（cm³）

よって，頂点 A を含む立体の体積は，$(4 \times 4 \times 4) - \dfrac{14}{3} = \dfrac{178}{3}$（cm³）

第48回

1 5　　2 2017.98　　3 5　　4 （順に）8，21　　5 1（時間）36（分）　　6 9（km）　　7 3（時間）30（分）

8 （順に）207，207　　9 五（角形）　　10 76

解説

1 与式 $= \left(\dfrac{3}{2} \div \dfrac{1}{4} + \dfrac{9}{16}\right) \times \dfrac{16}{21} = \left(\dfrac{3}{2} \times 4 + \dfrac{9}{16}\right) \times \dfrac{16}{21} = \left(6 + \dfrac{9}{16}\right) \times \dfrac{16}{21} = \dfrac{105}{16} \times \dfrac{16}{21} = 5$

2 与式 $= (1 - 0.001) \times 2020 = 1 \times 2020 - 0.001 \times 2020 = 2020 - 2.02 = 2017.98$

3 $6 \times 1.25 = 7.5$ より，□ $\div 2 \times 5 = 20 - 7.5 = 12.5$　よって，□ $\div 2 = 12.5 \div 5 = 2.5$ より，
□ $= 2.5 \times 2 = 5$

4 5月31日は，$31 - 13 = 18$（日後）で，$30 + 31 = 61$ より，7月31日は，$18 + 61 = 79$（日後）になる。よって，さらに，$100 - 79 = 21$（日後）が100日後になるから，8月21日。

5 ボートの上りの速さは毎時，$4 \div 2 = 2$（km）なので，静水時の速さは毎時，$2 + 1 = 3$（km）　この速さの半分は毎時，$3 \div 2 = 1.5$（km）なので，この速さで下ったときの速さは毎時，$1.5 + 1 = 2.5$（km）　よって，もとの場所まで下るのにかかる時間は，$4 \div 2.5 = 1.6$（時間）で，0.6時間は，$60 \times 0.6 = 36$（分）なので，これは1時間36分。

6 下りの速さは時速，$8 \div 2 = 4$（km），上りの速さは時速，$8 \div 4 = 2$（km）より，流れのない水の上での船の速さは時速，$(4 + 2) \div 2 = 3$（km）　よって，$3 \times 3 = 9$（km）

7 グラフより，A 町と B 町は30kmはなれていて，船が A 町から B 町まで進むのにかかる時間は3時間，B 町から A 町まで進むのにかかる時間は，$6 - 4 = 2$（時間）だから，船が A 町から B 町まで進む速さは時速，$30 \div 3 = 10$（km），B 町から A 町まで進む速さは時速，$30 \div 2 = 15$（km）　この速さの差は，川の流れの速さの2倍なので，この川の流れは時速，$(15 - 10) \div 2 = 2.5$（km）　A 町から B 町まで進むときは，船の速さが川の流れの速さの分だけおそくなっているので，この船の，川の流れのないときの速さは時速，$10 + 2.5 = 12.5$（km）　A 町から B 町まで進むとき，B 町から A 町まで進むときはそれぞれ一定の速さで進んでいるので，C 村を通り過ぎるのは，船が A 町を出発してから，$3 \div 2 = 1.5$（時間後）と，$4 + (6 - 4) \div 2 = 5$（時間後）　よって，船が C 村を行きに通り過ぎてから帰りに通り過ぎるまでの時間は，$5 - 1.5 = 3.5$（時間），つまり，3時間30分。

8 この立体は，次図1のように，立方体から三角すいを切り取った立体。元の立方体の体積は，$6 \times 6 \times 6 = 216$（cm³）で，切り取った三角すいの体積は，$3 \times 3 \div 2 \times 6 \times \dfrac{1}{3} = 9$（cm³）なので，この立体の体積は，$216 - 9 = 207$（cm³）　また，切り取った三角すいの展開図は次図2のような正方形になり，この図で色をつけた部

分が立体に新たにできた面で，それ以外の部分が元の立方体の面から切り取られてなくなった部分。よって，この立体の表面積は，元の立方体の表面積より，$3 \times 6 \div 2 \times 2 + 3 \times 3 \div 2 = 22.5$ (cm²)減って，$6 \times 6 - 22.5 = 13.5$ (cm²)増えるので，$6 \times 6 \times 6 - 22.5 + 13.5 = 207$ (cm²)

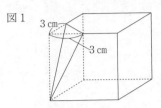

図1

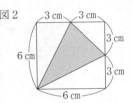

図2

9 この展開図を組み立てると，右図のようになる。この図で，2点M，Nは同一平面上にあるので，2点を通るように直線をのばす。この直線と，点Bを通る辺BCと辺BDをのばした直線も同一平面上にあるので，その交わった点をそれぞれP，Qとする。AとP，AとQもそれぞれ同一平面上にあるので結び，立方体の辺と交わった点をそれぞれE，Fとする。MとE，NとFもそれぞれ同一平面上にあるので直線で結べば，切り口の図形である五角形AEMNFができる。

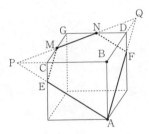

10 右図のように，PからABに垂直な直線PT，TからRSに垂直な直線TUをひくと，切断した立体のうち，点Dを含まない方の立体は，三角柱BQS―TPUと四角すいP―ARUTに分けられる。三角柱BQS―TPUで，BQ $= 6 \div 2 = 3$ (cm)，BS $= 8 \div 2 = 4$ (cm)　三角形CPQは三角形CABの $\frac{1}{2}$ の縮図なので，PQ $= 4 \times \frac{1}{2} = 2$ (cm)より，三角柱BQS―TPUの体積は，$3 \times 4 \div 2 \times 2 = 12$ (cm³)　また，四角すいP―ARUTで，TB $=$ PQ $= 2$ cmより，AT $= 4 - 2 = 2$ (cm)で，TU $=$ BS $= 4$ cm，TP $=$ BQ $= 3$ cmより，四角すいP―ARUTの体積は，$2 \times 4 \times 3 \div 3 = 8$ (cm³)なので，切断した立体のうち，点Dを含まない方の立体の体積は，$12 + 8 = 20$ (cm³)　元の三角柱の体積は，$4 \times 6 \div 2 \times 8 = 96$ (cm³)なので，求める体積は，$96 - 20 = 76$ (cm³)

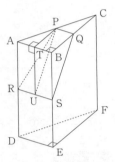

第49回

1 3.85　2 4039　3 3　4 土　5 6 (度)　6 120 (度)　7 ① 150 (度)　② 67.5 (度)　8 イ　9 し
10 392.5

解　説

1 与式 $= 6.25 - 4 \times (0.8 - 0.2) = 6.25 - 4 \times 0.6 = 6.25 - 2.4 = 3.85$

2 与式 $= 2019 \times (2020 + 1) - 2018 \times 2020 = 2019 \times 2020 + 2019 - 2018 \times 2020 = (2019 - 2018) \times 2020 + 2019 = 2020 + 2019 = 4039$

3 $\left(\boxed{} + \frac{2}{5} \right) \times 1.5 = 4.35 + \frac{3}{4} = 4.35 + 0.75 = 5.1$ より，$\boxed{} + \frac{2}{5} = 5.1 \div 1.5 = 3.4$ だから，$\boxed{} = 3.4 - \frac{2}{5} = 3.4 - 0.4 = 3$

4 2018年はうるう年ではないので，4月7日は1月13日の，$(31 - 13) + 28 + 31 + 7 = 84$ (日後)　1週間は7日なので，$84 \div 7 = 12$ より，4月7日は土曜日。

5 $360 \div 60 = 6$ (度)

6 時計の秒針は 60 秒間に 360°動くので，20 秒間で動くのは，$360° × \dfrac{20}{60} = 120°$

7 ① ・印と・印の間の角は，$360° ÷ 12 = 30°$　よって，角アの大きさは，$30° × 5 = 150°$

② 6 時のとき，長針と短針のつくる角は，$30° × 6 = 180°$　1 分間に長針は，$360° ÷ 60 = 6°$，短針は，$30° ÷ 60 = 0.5°$進むから，$(6° - 0.5°) × 45 - 180° = 67.5°$

8 文字の向きを考える。B と A の向きで正しいのは，イとウ。そのうち，A と C の向きで正しいのはイ。

9 この展開図を組み立てて立方体をつくると右図のようになり，3 つの点う，き，さ　が重なるから，A の点と重なる点は，し。

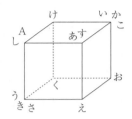

10 できる立体は高さが 5 cm の円柱。この円柱の底面の円の直径は，$31.4 ÷ 3.14 = 10$ (cm)だから，半径は，$10 ÷ 2 = 5$ (cm)　よって，この円柱の体積は，$5 × 5 × 3.14 × 5 = 392.5$ (cm³)

第 50 回

| 1 $\dfrac{3}{10}$ | 2 381547 | 3 6 | 4 2500 | 5 $16\dfrac{4}{11}$ | 6 5 (時) $43\dfrac{7}{11}$ (分) | 7 156 | 8 200.96 (cm²) |

9 254 (cm²)　10 240 (cm³)

解　説

1 与式 $= \dfrac{2}{5} × \left(\dfrac{3}{2} + \dfrac{1}{4}\right) ÷ \dfrac{7}{3} = \dfrac{2}{5} × \dfrac{7}{4} × \dfrac{3}{7} = \dfrac{3}{10}$

2 $(380 + 1) × 576 + (380 + 2) × 301 + (380 + 3) × 123 = 380 × 576 + 1 × 576 + 380 × 301 + 2 × 301 + 380 × 123 + 3 × 123 = 380 × (576 + 301 + 123) + 576 + 602 + 369 = 380 × 1000 + 1547 = 381547$

3 $\boxed{} ÷ \dfrac{3}{4} + 4 = 60 ÷ 5 = 12$ より，$\boxed{} ÷ \dfrac{3}{4} = 12 - 4 = 8$　よって，$\boxed{} = 8 × \dfrac{3}{4} = 6$

4 $60 : 37.2 = \boxed{} : 1550$ より，$\boxed{} = 60 × 1550 ÷ 37.2 = 2500$ (枚)

5 長針は 1 分間に，$360° ÷ 60 = 6°$，短針は 1 時間に，$360° ÷ 12 = 30°$，1 分間に，$30° ÷ 60 = 0.5°$進む。3 時の短針と長針のつくる角は，$30° × 3 = 90°$で，長針は短針よりも 1 分間に，$6° - 0.5° = 5.5°$多く進むので，ぴったり重なるのは，$90 ÷ 5.5 = 16\dfrac{4}{11}$ より，3 時 $16\dfrac{4}{11}$ 分。

6 時計の短針は 1 時間に，$360° ÷ 12 = 30°$進むので，5 時に長針と短針がつくる角度は，$30° × 5 = 150°$　長針と短針が垂直になるのは，1 回目が長針の方が，$150° - 90° = 60°$多く進んだときで，2 回目が長針の方が，$60° + 180° = 240°$多く進んだとき。1 分間に時計の長針は，$360° ÷ 60 = 6°$，短針は，$30° ÷ 60 = 0.5°$進むので，長針の方が 1 分間に，$6° - 0.5° = 5.5°$多く進む。よって，時計の長針と短針が 2 回目に垂直になるのは，5 時，$240° ÷ \dfrac{11°}{2} = 43\dfrac{7}{11}$ (分)

7 9 時ちょうどのときに長針と短針がつくる角のうち，小さいほうの角は 90°。1 分間に長針は 6°，短針は 0.5°動くので，12 分間で，$(6° - 0.5°) × 12 = 66°$大きくなる。よって，$90° + 66° = 156°$

8 円すいの表面積は，図のおうぎ形と円の面積の和に等しくなる。おうぎ形の曲線部分の長さは，$12 × 2 × 3.14 × \dfrac{120}{360} = 8 × 3.14$ (cm)で，この長さは底面の円周の長さに等しいから，底面の直径は，$8 × 3.14 ÷ 3.14 =$

8（cm） これより，半径は 4 cm だから，求める面積は，$12 \times 12 \times 3.14 \times \dfrac{120}{360} + 4 \times 4 \times 3.14 = 200.96$

（cm²）

9 この直方体は縦と横が 9 cm と 7 cm，9 cm と 4 cm，7 cm と 4 cm の面が 2 つずつあるので，表面積は，$(9 \times 7 + 9 \times 4 + 7 \times 4) \times 2 = 254$（cm²）

10 できる立体は，底面が直角三角形で高さが 8 cm の三角柱。この三角柱の底面の直角三角

形で，直角をはさむ辺の長さは，$13 - 8 = 5$（cm）と，$20 - 8 = 12$（cm）　よって，こ

の三角柱は右図のようになり，その体積は，$5 \times 12 \div 2 \times 8 = 240$（cm³）

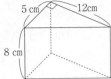

第 51 回

1 15　2 10　3 0.2　4 480　5 ⑦　6 ④　7 ア. 22　イ. $\dfrac{600}{11}$　8 9・10・11・12（個）	
9 200（cm²）　10 ④	

解　説

1 与式 $= 2.4 + \dfrac{7}{2} \times \dfrac{1}{9} \times \dfrac{27}{4} \div \dfrac{5}{24} = \dfrac{12}{5} + \dfrac{63}{5} = \dfrac{75}{5} = 15$

2 $(2020 - 2) \times 18 + (2020 - 1) \times 19 + 2020 \times 20 + (2020 + 1) \times 21 + (2020 + 2) \times 22 = 2020 \times 100$
$+ \boxed{}$ より，$2020 \times 18 - 36 + 2020 \times 19 - 19 + 2020 \times 20 + 2020 \times 21 + 21 + 2020 \times 22 + 44 = $
$2020 \times 100 + \boxed{}$　よって，$2020 \times (18 + 19 + 20 + 21 + 22) + 10 = 2020 \times 100 + \boxed{}$ なので，
$2020 \times 100 + 10 = 2020 \times 100 + \boxed{}$ より，$\boxed{} = 2020 \times 100 + 10 - 2020 \times 100 = 10$

3 $2 \times \boxed{} + 0.8 = 3 \div 2\dfrac{1}{2} = 3 \times \dfrac{2}{5} = \dfrac{6}{5}$ より，$2 \times \boxed{} = \dfrac{6}{5} - 0.8 = 1.2 - 0.8 = 0.4$　よって，

$\boxed{} = 0.4 \div 2 = 0.2$

4 この品物の定価は，$500 \times (1 + 0.2) = 600$（円）なので，2 割引きで売ったときの売値は，$600 \times (1 - 0.2) = $
480（円）

5 時計の短針は 1 時間に，$360° \div 12 = 30°$，1 分間に，$30° \div 60 = 0.5°$，長針は 1 分間に，$360° \div 60 = 6°$ 回
る。時計の長針と短針がつくる角は，⑦では，$30° \times 3 = 90°$ より小さく，④では，$30° \times 4 = 120°$ より大き
いので明らかにちがう。⑦では，$30° \times 9 - (6° - 0.5°) \times 30 = 105°$，⊕では，$30° \times 2 + (6° - 0.5°) \times 10 = $
$115°$ なので，あてはまるのは⑦。

6 長針は 60 分で 360° 動くので，毎分，$360° \div 60 = 6°$ 動く。また，短針は 60 分で 30° 動くので，毎分，$30° \div$
$60 = 0.5°$ 動く。3 時の短針と長針のなす角は 90° なので，$90 \div (6 - 0.5) = 90 \div \dfrac{11}{2} = 90 \times \dfrac{2}{11} = 16\dfrac{4}{11}$（分）

より，長針と短針は 3 時 16 分から 17 分の間で重なる。

7 24 時間に長針は 24 回転し，短針は 2 回転する。よって，24 時間に長針と短針が重ならずに一直線になるの
は，$24 - 2 = 22$（回）　1 回目が午前 0 時台，順に 1 時台，2 時台，3 時台となるので，5 回目になるのは午前
4 時台。午前 4 時に長針と短針がつくる角は，$360° \times \dfrac{4}{12} = 120°$　長針は 1 分間に，$360° \div 60 = 6°$，短針は

1 分間に，$360° \times \dfrac{1}{12} \div 60 = 0.5°$ ずつ回転するので，午前 4 時から午前 5 時の間に長針と短針が一直線になる

のは，午前 4 時，$(120° + 180°) \div (6° - 0.5°) = \dfrac{600}{11}$（分）

⑧ 真正面から見て右の部分にある立方体の個数は，最も少なくて，$1 + 3 = 4$（個）で，最も多くて，$3 + 3 = 6$（個）　次に，まん中の部分にある立方体の個数は，最も少なくて，$1 + 2 = 3$（個）で，最も多くて，$2 + 2 = 4$（個）　左の部分にある立方体の個数は，$1 + 1 = 2$（個）なので，立方体の個数の合計は，$4 + 3 + 2 = 9$（個）以上，$6 + 4 + 2 = 12$（個）以下。よって，9個，10個，11個，12個。

⑨ 立体表面上の最短距離は，展開図を用いて考える。ひもの長さは右図の長方形 AFGD の対角線 AG の長さに等しい。ここで，長方形 AFGD は，AF $=$ AB $+$ BF $= 7 + 3 = 10$（cm）より，正方形になる。よって，右図より，ひもの長さを1辺とする正方形の面積は，正方形 AFGD の面積の2倍になるから，$10 \times 10 \times 2 = 200$（cm^2）

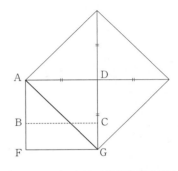

⑩ 2点を結ぶ最も短い線は直線なので，糸がゆるまないように最短で1周巻いたとき，その糸の線は側面の展開図のおうぎ形では直線になる。よって，これに沿って切り取った線は直線になるので，あてはまるものは⑦。

第52回

| ① $\dfrac{16}{7}$ | ② 10000 | ③ 165 | ④ 15 | ⑤ 12 | ⑥ 15 | ⑦ 6 | ⑧ ㋑ | ⑨ 88 (cm^2) | ⑩ 856 (cm^2) |

解　説

① 与式 $= \dfrac{8}{5} \div \left\{ \dfrac{7}{5} \div \dfrac{6}{5} - \dfrac{2}{5} \times \left(\dfrac{3}{2} - \dfrac{1}{3} \right) \right\} = \dfrac{8}{5} \div \left(\dfrac{7}{6} - \dfrac{2}{5} \times \dfrac{7}{6} \right) = \dfrac{8}{5} \div \left\{ \left(1 - \dfrac{2}{5} \right) \times \dfrac{7}{6} \right\} = \dfrac{8}{5} \div \left(\dfrac{3}{5} \times \dfrac{7}{6} \right) = \dfrac{8}{5} \div \dfrac{7}{10} = \dfrac{16}{7}$

② $20192021 \times 20202020 = (20192020 + 1) \times 20202020 = 20192020 \times 20202020 + 20202020$ から，$20192020 \times 20202021 = 20192020 \times (20202020 + 1) = 20192020 \times 20202020 + 20192020$ をひくので，与式 $= 20202020 - 20192020 = 10000$

③ $(240 - \boxed{}) \div 5 = 100 - 85 = 15$ より，$240 - \boxed{} = 15 \times 5 = 75$　よって，$\boxed{} = 240 - 75 = 165$

④ グラフより，Aさんは1分間に，$950 \div 25 = 38$（m）歩く。アはAさんが570m歩くのにかかった時間なので，$570 \div 38 = 15$（分）

⑤ 赤赤白黒，赤赤黒白，赤白赤黒，赤白黒赤，赤黒赤白，赤黒白赤，白赤赤黒，白赤黒赤，白黒赤赤，黒赤白赤，黒赤赤白，黒白赤赤の12通り。

⑥ （大きいさいころの目，小さいさいころの目）＝ $(2, 6)$，$(3, 5)$，$(3, 6)$，$(4, 4)$，$(4, 5)$，$(4, 6)$，$(5, 3)$，$(5, 4)$，$(5, 5)$，$(5, 6)$，$(6, 2)$，$(6, 3)$，$(6, 4)$，$(6, 5)$，$(6, 6)$ の15通り。

⑦ 123，132，213，231，312，321 の6通り。

⑧ ⑦は前後，左右のどの方向から見ても真ん中には3個の立方体が積み重ねられているのであてはまらない。㋑は前後，左右のどの方向から見ても真ん中には1個の立方体が積み重ねられているのであてはまらない。㋒は前後，左右のどの方向から見ても1個の立方体が積み重ねられている部分があるのであてはまらない。㋓は前から見ると左の図，左右のどちらかから見ると右の図になるのであてはまる。

⑨ この立体を上下と前後の4方向から見たときに見える立方体の面はそれぞれ4個で，左右の2方向から見たと

きに見える立方体の面はそれぞれ3個。他にかくれている面はないので，この立体の表面積は，立方体の面，4 × 4 + 3 × 2 = 22（個分）の面積と等しい。立方体の面1個の面積は，2 × 2 = 4（cm²）なので，この立体の表面積は，4 × 22 = 88（cm²）

10 右図で，色のついた部分の面積は，1280 ÷ 10 = 128（cm²）なので，3つの長方形に分けて考えると，□ =（128 − 4 × 6 × 2）÷（4 + 6）= 8（cm）　このとき，色のついた部分の周りの長さは，たてが，6 + 4 = 10（cm），横が，6 + 8 + 6 = 20（cm）の長方形の周りの長さと等しいので，（10 + 20）× 2 = 60（cm）　したがって，この立体の表面積は，128 × 2 + 60 × 10 = 256 + 600 = 856（cm²）

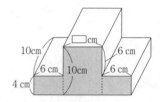

第53回

1 20　2 4　3 4　4 1　5 48（個）　6 (あ) 12　(い) 8　7 15（試合）　8 36（cm²）　9 42（cm²）		
10 15（個）		

解　説

1 与式 = $\frac{4}{9} ÷ \frac{1}{30} × \frac{3}{2} = \frac{4}{9} × \frac{30}{1} × \frac{3}{2} = 20$

2 345 + 453 + 534 = 300 + 40 + 5 + 400 + 50 + 3 + 500 + 30 + 4 = 300 + 400 + 500 + 30 + 40 + 50 + 3 + 4 + 5 =（3 + 4 + 5）× 100 +（3 + 4 + 5）× 10 + 3 + 4 + 5 =（3 + 4 + 5）×（100 + 10 + 1）　同様に，678 + 786 + 867 =（6 + 7 + 8）×（100 + 10 + 1）なので，与式 = $\frac{(3 + 4 + 5) ×（100 + 10 + 1）}{(6 + 7 + 8) ×（100 + 10 + 1）} = \frac{12}{21} = \frac{4}{7}$ より，□ = 4

3 96 − □ × 6 = 216 ÷ 3 = 72 より，□ × 6 = 96 − 72 = 24　よって，□ = 24 ÷ 6 = 4

4 0.32m² は，0.32 × 10000 = 3200（cm²）だから，800cm² : 0.32m² = 800cm² : 3200cm² = 1 : 4

5 カードを百の位，十の位，一の位の順に並べて3けたの整数を作るとき，百の位は0を除いた4通り，十の位は残りの4通り，一の位はさらに残りの3通りの並べ方がある。よって，つくることができる整数は全部で，4 × 4 × 3 = 48（個）

6 できる4けたの整数のうち，千の位が3の数は，百の位が0, 1, 2のどれかで3通り，十の位が0, 1, 2のうち百の位と異なる2通り，一の位が残りの1通りで，3 × 2 × 1 = 6（個）　千の位の数が2の数も同様に6個できる。2013は千の位の数が2の数のうち，一番小さい数なので，できる整数のうち大きい方から数えて，6 + 6 = 12（番目）　また，できる一番大きな数は3210で，一番小さな数は，1023なので，引いてできる数は，3210 − 1023 = 2187　2187を素数の積で表すと，2187 = 3 × 3 × 3 × 3 × 3 × 3 × 3 となり，3を7個かけた数になるので，その約数は，1に3を0〜7個かけた数になる。よって，求める約数の個数は，7 + 1 = 8（個）

7 1チームが5試合ずつ行うが，（6 × 5）試合とすると，1つの試合を対戦する2チーム両方から数えているので，全部で，6 × 5 ÷ 2 = 15（試合）

8 この立体は，上下前後左右の6方向のどこから見ても立方体の面が，1 + 2 + 3 = 6（個）見えて，他にかくれている面はないので，表面積は，立方体の面，6 × 6 = 36（個分）　立方体は1辺が1cmで1つの面の面積が1cm²なので，求める表面積は36cm²。

9 前，後，左，右から見ると，正方形が6個，上，下から見ると，1辺が3cmの正方形が見える。よって，求める表面積は，（1辺が1cmの正方形が6個分）× 4 +（1辺が3cmの正方形）× 2で求められるので，（1 × 1 × 6）× 4 +（3 × 3）× 2 = 42（cm²）

⑩ 右図のように，図1にア，イのそれぞれの向きから見たときに見える立方体の個数をかいて考えると，立方体の個数が最も少ない場合，立方体が積んである12か所のうち，2個積むところと3個積むところはそれぞれ図の位置だけでよいとわかる。よって，1 × 10 + 2 + 3 = 15（個）

1→	1	1	1	1
2→	1	1	2	1
3→	1	3	1	1

↑ ↑ ↑ ↑
1 3 2 1

第54回

┌───┐
① 5　② $\dfrac{8}{345}$　③ $\dfrac{3}{5}$　④ 2250（円）　⑤ 59（通り）　⑥ 6（通り）　⑦ あ. 20　い. 17　⑧ 72（cm²）
⑨ 360（cm³）　⑩ 44
└───┘

解説

① 与式 $= \left(\dfrac{33}{10} + \dfrac{7}{4} - \dfrac{13}{4}\right) \times \dfrac{100}{24} \times \dfrac{2}{3} = \dfrac{9}{5} \times \dfrac{25}{6} \times \dfrac{2}{3} = 5$

② $\dfrac{15 + 17}{15 \times 17} = \dfrac{1}{15} + \dfrac{1}{17}$, $\dfrac{17 + 19}{17 \times 19} = \dfrac{1}{17} + \dfrac{1}{19}$, $\dfrac{19 + 21}{19 \times 21} = \dfrac{1}{19} + \dfrac{1}{21}$, $\dfrac{21 + 23}{21 \times 23} = \dfrac{1}{21} + \dfrac{1}{23}$ より，与式 $=$

$\dfrac{1}{15} + \dfrac{1}{17} - \left(\dfrac{1}{17} + \dfrac{1}{19}\right) + \dfrac{1}{19} + \dfrac{1}{21} - \left(\dfrac{1}{21} + \dfrac{1}{23}\right) = \dfrac{1}{15} - \dfrac{1}{23} = \dfrac{23 - 15}{15 \times 23} = \dfrac{8}{345}$

③ $\dfrac{5}{6} - \dfrac{2}{3} = \dfrac{1}{6}$ より，$30 \times \left(\dfrac{1}{6} + \boxed{}\right) = 23$　よって，$\dfrac{1}{6} + \boxed{} = \dfrac{23}{30}$ より，$\boxed{} = \dfrac{23}{30} - \dfrac{1}{6} = $

$\dfrac{18}{30} = \dfrac{3}{5}$

④ 妹の所持金は変わらないので，妹の所持金の比の数を4と12の最小公倍数の12にそろえると，はじめの姉と妹の所持金の比は，$(5 \times 3):(4 \times 3) = 15:12$　したがって，これらの比の，15 − 13 = 2 にあたる金額が300円なので，比の1にあたる金額は，300 ÷ 2 = 150（円）　はじめの姉の所持金は比の15にあたるので，150 × 15 = 2250（円）

⑤ 1円玉の払い方は0枚〜2枚の3通り，10円玉の払い方は0枚〜3枚の4通り，100円玉の払い方は0枚〜4枚の5通りだから，全部で，3 × 4 × 5 = 60（通り）となるが，この中に0円があるので，払うことのできる金額は，60 − 1 = 59（通り）

⑥ 赤と青，赤と黄，赤と緑，青と黄，青と緑，黄と緑の6通り。

⑦ 進み方は右図Iのように数えることができるので，20通り。また，ア，イの間の道が通行止めの場合，右図IIのような数え方になるので，17通り。

図I
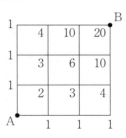

図II
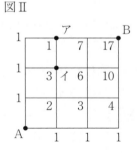

⑧ 表面の表面積＝内部の表面積を区別して考える。くりぬいたあとの立体の表面積は，1 × 8 × 6 + 1 × 4 × 6 = 72（cm²）

⑨ 右図のア，イから下にそれぞれ4個の立方体を取りのぞく。次に，ウから左に4個の立方体を取りのぞき，エからは2個の立方体を取りのぞく。さらに，オから奥に3個の立方体を取りのぞき，カからは2個の立方体を取りのぞくと，$4 \times 3 + 2 + 3 + 2 = 19$（個）の立方体を取りのぞくので，$64 - 19 = 45$（個）の立方体の体積の合計を求めて，$2 \times 2 \times 2 \times 45 = 360$（cm^3）

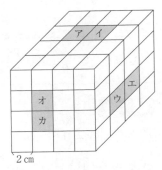

⑩ 各段でくりぬかれた小さな立方体を×印で表すと，次図のようになる。小さな立方体は1段目と4段目に14個ずつ，2段目と3段目に8個ずつ残るので，全部で，$14 \times 2 + 8 \times 2 = 44$（個）　よって，残った立体の体積は44cm^3。

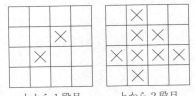

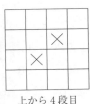

上から1段目　　　上から2段目　　　上から3段目　　　上から4段目

第 55 回

```
① 8   ② 4/21   ③ 10   ④ あ. 75  い. 91   ⑤ 6.25   ⑥ 48   ⑦ 345   ⑧ 15 (cm)   ⑨ 5.5
⑩ 9.42 (cm)
```

解　説

① 与式 $= \left\{ 10 - \left(\dfrac{13}{4} - \dfrac{7}{4} \right) \div \dfrac{3}{11} \right\} + 2 \times \dfrac{7}{4} = \left(10 - \dfrac{3}{2} \times \dfrac{11}{3} \right) + \dfrac{7}{2} = \left(10 - \dfrac{11}{2} \right) + \dfrac{7}{2} = \dfrac{9}{2} + \dfrac{7}{2} = 8$

② 与式 $= \left(\dfrac{1}{3} - \dfrac{1}{4} \right) + \left(\dfrac{1}{4} - \dfrac{1}{5} \right) + \left(\dfrac{1}{5} - \dfrac{1}{6} \right) + \left(\dfrac{1}{6} - \dfrac{1}{7} \right) = \dfrac{1}{3} - \dfrac{1}{4} + \dfrac{1}{4} - \dfrac{1}{5} + \dfrac{1}{5} - \dfrac{1}{6} + \dfrac{1}{6} - \dfrac{1}{7} = \dfrac{1}{3} - \dfrac{1}{7} = \dfrac{4}{21}$

③ $3 \times \boxed{} - 18 = 12$ より，$3 \times \boxed{} = 12 + 18 = 30$　よって，$\boxed{} = 30 \div 3 = 10$

④ 3回のテストの合計点は，$65 + 87 + 73 = 225$（点）なので，3回のテストの平均点は，$225 \div 3 = 75$（点）平均点が4点高くなるために必要な合計点は，$(75 + 4) \times 4 = 316$（点）なので，次のテストで必要な得点は，$316 - 225 = 91$（点）

⑤ 食塩水の重さは，$300 + 20 = 320$（g）だから，$20 \div 320 \times 100 = 6.25$（％）

⑥ $400 \times 0.12 = 48$（g）

⑦ 30gの食塩が8％にあたる食塩水の重さは，$30 \div 0.08 = 375$（g）　よって，求める水の重さは，$375 - 30 = 345$（g）

⑧ $12L = 12000$cm^3 なので，$12000 \div (20 \times 40) = 15$（cm）

⑨ 水面の高さが，$7 - 3 = 4$（cm）のとき，水の体積は，$8 \times 9 \times 4 = 288$（cm^3）　4cmよりも上の部分の底面積は，$(3 \times 8) \times 2 = 48$（cm^2）だから，水を360cm^{3}入れた場合の水面の高さは，$4 + (360 - 288) \div 48 = 5.5$（cm）

⑩ 移す水の体積は，$3 \times 3 \times 3.14 \times 10 = 282.6$（cm^3）　よって，水の高さは，$282.6 \div (5 \times 6) = 9.42$（cm）

第56回

☐1 0.6　☐2 $\dfrac{8}{9}$　☐3 $\dfrac{35}{3}$　☐4 83　☐5 1.5（%）　☐6 125（g）　☐7 10　☐8 3　☐9 2700　☐10 12（個目）

解説

☐1 与式 $= 5 \times 0.6 - (3.8 - 2.6) \div 0.5 = 3 - 1.2 \div 0.5 = 3 - 2.4 = 0.6$

☐2 与式 $= \left(1 - \dfrac{1}{3}\right) + \left(\dfrac{1}{3} - \dfrac{1}{5}\right) + \left(\dfrac{1}{5} - \dfrac{1}{7}\right) + \left(\dfrac{1}{7} - \dfrac{1}{9}\right) = 1 - \dfrac{1}{9} = \dfrac{8}{9}$

☐3 $60 - \boxed{} \times \dfrac{9}{7} = 54 \times \dfrac{5}{6} = 45$ より，$\boxed{} \times \dfrac{9}{7} = 60 - 45 = 15$　よって，$\boxed{} = 15 \div \dfrac{9}{7} = \dfrac{35}{3}$

☐4 5回のテストの合計点は，$75 \times 5 = 375$（点）で，4回目までのテストの合計点は，$73 \times 4 = 292$（点）より，5回目の得点は，$375 - 292 = 83$（点）

☐5 できた食塩水には，$150 \times 0.06 = 9$（g）の食塩がとけている。できた食塩水の量は，$150 + 450 = 600$（g）なので，こさは，$9 \div 600 \times 100 = 1.5$（%）

☐6 水を蒸発させても食塩の重さは，$500 \times 0.06 = 30$（g）で変わらない。これが8%あたる食塩水の重さは，$30 \div 0.08 = 375$（g）　よって，$500 - 375 = 125$（g）

☐7 $15 \div (135 + 15) \times 100 = 10$（%）

☐8 容器の中に入っている水の量は，$10 \times 10 \times 3 = 300$（cm^3）　底面積が，$10 \times 10 - 50 = 50$（cm^2）に変わるので，水の深さは，$300 \div 50 = 6$（cm）で，おもりは水面よりはみ出している。よって，$6 - 3 = 3$（cm）上がる。

☐9 水の体積と石の体積の和は，$25 \times 30 \times 16.4 = 12300$（cm^3）　よって，石の体積は，$12300 - 9600 = 2700$（cm^3）

☐10 容器から水があふれるのは，沈めたおもりの体積の合計が，$10 \times 10 \times (15 - 12) = 300$（cm^3）をこえたとき。おもり1個の体積は，$3 \times 3 \times 3 = 27$（cm^3）　よって，はじめて水があふれるのは，$300 \div 27 = 11$ あまり 3 より，$11 + 1 = 12$（個目）

第57回

☐1 $\dfrac{5}{6}$　☐2 $\dfrac{1}{7}$　☐3 4　☐4 20（%）　☐5 6（%）　☐6 4　☐7 5（%）　☐8 33　☐9 4（cm^3）　☐10 16（cm）

解説

☐1 与式 $= \dfrac{5}{4} - \dfrac{3}{4} \times \dfrac{5}{9} = \dfrac{5}{4} - \dfrac{5}{12} = \dfrac{5}{6}$

☐2 与式 $= \left(\dfrac{1}{2} - \dfrac{1}{5}\right) \times \dfrac{1}{3} + \left(\dfrac{1}{5} - \dfrac{1}{8}\right) \times \dfrac{1}{3} + \left(\dfrac{1}{8} - \dfrac{1}{11}\right) \times \dfrac{1}{3} + \left(\dfrac{1}{11} - \dfrac{1}{14}\right) \times \dfrac{1}{3} = \left\{\left(\dfrac{1}{2} - \dfrac{1}{5}\right) + \left(\dfrac{1}{5} - \dfrac{1}{8}\right) + \left(\dfrac{1}{8} - \dfrac{1}{11}\right) + \left(\dfrac{1}{11} - \dfrac{1}{14}\right)\right\} \times \dfrac{1}{3} = \left(\dfrac{1}{2} - \dfrac{1}{5} + \dfrac{1}{5} - \dfrac{1}{8} + \dfrac{1}{8} - \dfrac{1}{11} + \dfrac{1}{11} - \dfrac{1}{14}\right) \times \dfrac{1}{3}$

$= \left(\dfrac{1}{2} - \dfrac{1}{14}\right) \times \dfrac{1}{3} = \dfrac{3}{7} \times \dfrac{1}{3} = \dfrac{1}{7}$

☐3 $3 \times (10 - \boxed{}) \div 2 = 11 - 2 = 9$ より，$3 \times (10 - \boxed{}) = 9 \times 2 = 18$ だから，$10 - \boxed{} = 18 \div 3 = 6$　よって，$\boxed{} = 10 - 6 = 4$

☐4 全体の人数は，$4 + 6 + 7 + 11 + 7 + 9 + 4 + 7 = 55$（人）　よって，$11 \div 55 = 0.2$ より，20%。

⑤ 8 ％の食塩水 100g にふくまれる食塩の重さは，$100 × 0.08 = 8$（g）　5 ％の食塩水 200g にふくまれる食塩の重さは，$200 × 0.05 = 10$（g）　よって，混ぜてできた食塩水の濃さは，$(8 + 10) ÷ (100 + 200) × 100 = 6$（％）

⑥ $300 - 60 = 240$（g）の食塩水にふくまれる食塩の重さは，$240 × 0.05 = 12$（g）　よって，$12 ÷ (240 + 60) × 100 = 4$（％）

⑦ できた食塩水の量は，$200 + 250 + 50 = 500$（g）　この食塩水に含まれる食塩の量は，$500 × 0.12 = 60$（g）だから，200g の食塩水に含まれる食塩の量は，$60 - 50 = 10$（g）　よって，200g の食塩水の濃度は，$10 ÷ 200 × 100 = 5$（％）

⑧ 毎分 5.76dL は毎分，$5.76 × 100 = 576$（cm^3）なので，18 分 20 秒で入る水の体積は，$576 × 18\frac{20}{60} = 10560$（cm^3）　よって，この水そうの横の長さは，$10560 ÷ 16 ÷ 20 = 33$（cm）

⑨ 右図のように水そうを 45 度傾けるとき，水がこぼれる部分の立体は，底面は等しい辺が 2cm の直角二等辺三角形で，高さが 2cm の三角柱になるので，こぼれる水の量は，$2 × 2 ÷ 2 × 2 = 4$（cm^3）

⑩ 水の体積は，$15 × 20 × 12 = 3600$（cm^3）　図 2 で，水は三角柱だから，底面の三角形の面積は，$3600 ÷ 15 = 240$（cm^2）　よって，□ $= 240 × 2 ÷ 30 = 16$

第58回

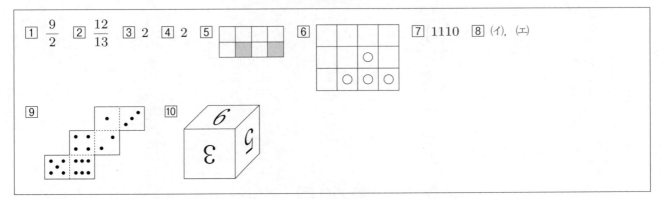

解　説

① 与式 $= \frac{13}{10} × \frac{10}{3} + \frac{1}{6} = \frac{26}{6} + \frac{1}{6} = \frac{9}{2}$

② 与式 $= 4 × \left(\frac{1}{1×3} - \frac{2}{3×5} + \frac{3}{5×7} - \frac{4}{7×9} + \frac{5}{9×11} - \frac{6}{11×13} \right) =$
$4 × \left(\frac{5-2}{1×3×5} + \frac{3×9-4×5}{5×7×9} + \frac{5×13-6×9}{9×11×13} \right) = 4 × \left(\frac{1}{5} + \frac{1}{5×9} + \frac{1}{9×13} \right) = 4 × \frac{3}{13} = \frac{12}{13}$

③ $40 ÷ □ - 8 = 4 × 3 = 12$ より，$40 ÷ □ = 12 + 8 = 20$　よって，□ $= 40 ÷ 20 = 2$

④ 【12】$= 6$，【15】$= 4$ なので，与式 $= \frac{【2×6+3×4】}{4} = \frac{【24】}{4} = \frac{8}{4} = 2$

⑤ 縦の各列は 2 個までぬりつぶすことができるので，3 になったら 1 つ左の列に進む。よって，ぬりつぶしたマス 1 個が表す数は，右から 1 列目が 1，2 列目が 3，3 列目が，$3 × 3 = 9$，4 列目が，$9 × 3 = 27$　$10 = 9 + 1$ なので，10 を表すには，右図のように右から 3 列目を 1 個，右から 1 列目を 1 個ぬりつぶせばよい。

6　1番右の列に1個の印が入るごとに1つずつ数が増えて，右から2番目の列に1個の印が入るごとに4つずつ数が増える。同様に，右から3番目の列に1個の印が入るごとに16つずつ数が増える。よって，25は，25 ÷ 16 = 1あまり9，また，9 ÷ 4 = 2あまり1なので，1番右の列に1個の印が入り，右から2番目の列に2個の印が入り，右から3番目の列に1個の印が入る。

7　1000は最初から数えて9番目。4ケタの数は，百の位・十の位・一の位がそれぞれ0と1の2通りあるので，2 × 2 × 2 = 8（通り）ある。よって，9 + 8 − 1 = 16（番目）の数が，4ケタの数でもっとも大きい1111となるので，15番目の数は1110とわかる。

8　(ア)は組み立てると2の面と6の面が重なるので，立方体ができない。(ウ)は組み立てると4の面と2の面が向い合わせになる。

9　右図を組み立てると，あの面とうの面，いの面と4の目の面が向かい合うので，いの面には3の目が入る。このとき，2の目の面で2の点に近い頂点に，3の目の面でも点があるように目の向きをかく。あの面とうの面は，1の目の面と6の目の面で，2の目を上にしたとき，側面には時計回りに3，6，4，1と目が並ぶので，うの面には6の目が入る。このとき，4の目の面と接する辺に3つの点が並ぶように目の向きをかく。残りのあの面には1の目が入る。

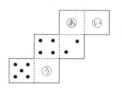

10　図Ⅰのように図1の展開図に記号をつけ，5の向きに注意して図2の立方体に記号をつけると，図Ⅱのようになる。この図の空いている面に，頂点の記号の並び方に対する数字の向きを考えて書き入れると，図Ⅲのようになる。

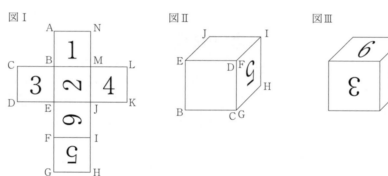

第59回

1　$\frac{1}{2}$　2　11099　3　22　4　4　5　201　6　32（番目）　7　（順に）0，0，0，0，0，1，1，1，1，1，1

8　5　9　3　10　(1) ① 5　② 18　(2) ① 4　② 22

解　説

1　与式 = $\frac{9}{8} ÷ \frac{27}{16} × \frac{3}{4} = \frac{1}{2}$

2　1004から1014までの，1014 − 1004 + 1 = 11（個）の整数の和なので，与式 = (1004 + 1014) × 11 ÷ 2 = 2018 × 11 ÷ 2 = 11099

3　(24 − □) × 6 = 60 − 48 = 12より，24 − □ = 12 ÷ 6 = 2　よって，□ = 24 − 2 = 22

4　例えば，2 × 2 = 4の約数が1，2，4で，3 × 3 = 9の約数が1，3，9で，5 × 5 = 25の約数が1，5，25のように，約数の数が3個の整数は，素数を2回かけた数になる。よって，1から50まででは，4，9，25，49の4個。

5　1けたの数は2個，2けたの数は6個だから，3けたの数の，19 − (2 + 6) = 11（番目）　3けたの数のうち，

百の位が 1 のものは，十の位，一の位がともに 3 とおりだから，3 × 3 = 9（個）で，その後，200，201，…，と続くから，求める数は 201。

6 100000 は，6 けたの最初の数字なので，はじめから数えて，2 × 2 × 2 × 2 × 2 = 32（番目）

7 2016 ÷ 1024 = 1 余り 992，992 ÷ 512 = 1 余り 480，480 ÷ 256 = 1 余り 224，224 ÷ 128 = 1 余り 96，96 ÷ 64 = 1 余り 32，32 ÷ 32 = 1 より，2016 は 32 を 1 個，64 を 1 個，128 を 1 個，256 を 1 個，512 を 1 個，1024 を 1 個合わせた数なので，1，2，4，8，16 はかける数を 0 に，32，64，128，256，512，1024 はかける数を 1 にすればよい。

8 はじめの状態からアの位置にくるまでには，手前に 3 回転がすことになる。さいころを手前に転がして上を向いている面が，はじめの状態でどこにある面かを調べると，1 回転がしたときは奥の面，2 回転がしたときは下の面，3 回転がしたときは手前の面になる。よって，アの位置に着いたとき，上を向いている面の目の数は，はじめの状態で手前を向いている面の目の数である 2。次に，アの位置からイの位置にくるまでには，左に 2 回転がすことになる。さいころを同じ方向に 2 回転がしたときに上を向いている面は，転がす前に下を向いている面である。展開図より，アの位置にあるときに下を向いている面の目の数は，2 の目の面に向かい合う面の目の数の 5 なので，イの位置に着いたとき，上を向いている面の目の数は 5。

9 同じ方向に 2 回連続で転がると，さいころの上下の面が逆転する。さいころは 10 回転がっていて，そのうちの 1〜3 回目，6〜8 回目，9〜10 回目が同じ方向に転がっているから，10 回転がった後の上の面は，8 回転がった後の下の面となり，6 回転がった後の上の面となる。また，この面は，5 回転がった後の右の面，4 回転がった後の右の面，3 回転がった後の上の面となる。3 回転がった後の上の面は 1 回転がった後の下の面で，1 回転がった後の下の面は 3 だから，10 回転がった後の上の面の数字も 3。

10 (1) ① サイコロを転がしていくと，アの面と 2 の目が重なり，イの面と 1 の目が重なる。ウの面は 2 の目と向かい合う目と重なるから，7 − 2 = 5 の目が重なる。② エの面は，3 の目と向かい合う，7 − 3 = 4 の目が重なり，このとき，手前の面の目の数は 6 なので，オの面と 6 の目が重なる。よって，アからオの面と重なる目の数の合計は，2 + 1 + 5 + 4 + 6 = 18

(2) ① サイコロを転がしていくと，カの面と 3 の目が重なり，キの面と 1 の目が重なる。このとき，手前の面の目の数は 2 のままで，上の面の目の数は，1 の目の面と向かい合う，7 − 1 = 6 なので，クの面と 2 の目が重なり，ケの面と 6 の目が重なる。サイコロがケの面に重なるとき，右の面の目の数は，キの面に重なるときと同じで，3 の目と向かい合う，7 − 3 = 4 なので，コの面とは 4 の目が重なる。② サの面と重なるのは，ケの面と重なっているときに上の面だった，7 − 6 = 1 の目。また，シの面と重なるのは，ケ〜サの面と重なっているときに手前の面で，クの面と重なっているときに上の面だった，7 − 2 = 5 の目。よって，カからシの面と重なる目の数の合計は，3 + 1 + 2 + 6 + 4 + 1 + 5 = 22

第60回

| 1 $\frac{7}{2}$ | 2 441 | 3 6 | 4 $\frac{12}{5}$ | 5 16（個） | 6 21 | 7 63（点） | 8 11 | 9 13 | 10 36 |

解 説

1 与式 = $\frac{5}{2} - \frac{1}{4} + \frac{5}{8} \div \frac{1}{2} = \frac{5}{2} - \frac{1}{4} + \frac{5}{4} = \frac{7}{2}$

2 3 × 3 × 3 = 27 = 7 + 9 + 11，5 × 5 × 5 = 125 = 21 + 23 + 25 + 27 + 29 より，与式 = 1 + 3 + 5 + (7 + 9 + 11) + 13 + 15 + 17 + 19 + (21 + 23 + 25 + 27 + 29) + 31 + 33 + 35 + 37 + 39 + 41 = (1 + 41) × 21 ÷ 2 = 441

3 $454 - \boxed{} \times 17 = 32 \times 11 = 352$ より，$\boxed{} \times 17 = 454 - 352 = 102$　よって，$\boxed{} = 102 \div 17 = 6$

4 求める分数は与えられた3つの数の分母と分子を打ち消さなければならない。また，その中で小さい分数をつくるには分母はできるだけ大きく，分子はできるだけ小さくする必要がある。求める分数の分母は，5と10と15の最大公約数である5，分子は6と3と4の最小公倍数である12なので，求める分数は $\frac{12}{5}$。

5 この数の列には，0と1だけを使った数が小さい順に左から並んでいる。また，初めの0をのぞくと，どの数も左はしの桁は1で，他の桁は0か1が使われている。よって，1桁の数は2個，2桁の数は，$1 \times 2 = 2$（個），3桁の数は，$1 \times 2 \times 2 = 4$（個），4桁の数は，$1 \times 2 \times 2 \times 2 = 8$（個）になるから，$1 \times 2 \times 2 \times 2 \times 2 = 16$（個）

6 一番上の段の正方形はそれぞれ1を表し，上から2段目の正方形はそれぞれ4を表す。また，一番下の段の正方形はそれぞれ16を表すので，$1 + 4 + 16 = 21$

7 一番上の段の電球は1個で1点，上から2段目の電球は1個で4点，一番下の段の電球は1個で，$17 - 1 \times 1 = 16$（点）を表すから，$(1 + 4 + 16) \times 3 = 63$（点）

8 上に積んださいころのかくれた数は，3の裏側の面の数より，$7 - 3 = 4$　また，下のさいころの2つのかくれた数の和は7なので，$4 + 7 = 11$

9 右のさいころの目の位置より，1の目を上にしたとき，側面の目は時計回りに，5，3，$7 - 5 = 2$，$7 - 3 = 4$になる。よって，左のさいころで真ん中のさいころにくっついている面の目は2とわかる。また，真ん中のさいころで左右のさいころにくっついている2つの面の目の和は7，右のさいころで真ん中のさいころとくっついている面の目は，$7 - 3 = 4$　よって，くっついている4つの面の目の和は，$2 + 7 + 4 = 13$

10 右図のように，それぞれのサイコロをア，イ，ウとする。アのサイコロとイのサイコロは6の目どうしがくっついていることがわかるので，イのサイコロで机に接している面は1の目とわかる。また，イのサイコロとウのサイコロは5の目どうしがくっついていることがわかるので，ウのサイコロで机に接している面は4の目とわかる。よって，見えない面の目の数の和は，$6 \times 2 + 1 + 5 \times 2 + 4 = 27$　3つのサイコロのすべての目の数の合計は，$(1 + 2 + 3 + 4 + 5 + 6) \times 3 = 63$なので，見ることができる面の目の数の和は，$63 - 27 = 36$

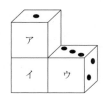

正誤チェック表 📖

間違えた問題についてはこの表にチェックをしておきましょう。
あとでやり直すときに，自分がどの単元をよく間違えるのかを確認して，弱点克服をしていきましょう。ある程度解法を身につけたら『反復学習編』や『テストゼミ編』で，実践力を高めていきましょう。

回数	計算問題 1 チェック欄	計算のくふう 2 チェック欄	未知数 3 チェック欄	数・割合・比 4 チェック欄	文章題単元名	5 チェック欄	6 チェック欄	7 チェック欄	図形問題単元名	8 チェック欄	9 チェック欄	10 チェック欄
（例）		✓		△			✓				△	
第1回					数列・規則性				角度			
第2回					数列・規則性				角度			
第3回					数列・規則性				角度			
第4回					植木算・方陣算				合同と角度			
第5回					植木算・方陣算				合同と角度			
第6回					植木算・方陣算				合同と角度			
第7回					消去算				多角形と角度			
第8回					消去算				多角形と角度			
第9回					消去算				多角形と角度			
第10回					和差算				三角形の面積			
第11回					和差算				三角形の面積			
第12回					和差算				三角形の面積			
第13回					分配算				四角形の面積			
第14回					分配算				四角形の面積			
第15回					分配算				四角形の面積			
第16回					倍数算				直方体の計量			
第17回					倍数算				直方体の計量			
第18回					倍数算				直方体の計量			
第19回					年齢算				円の面積			
第20回					年齢算				円の面積			
第21回					年齢算				円の面積			
第22回					相当算				柱体の計量			
第23回					相当算				柱体の計量			
第24回					相当算				柱体の計量			
第25回					損益算				図形と比			
第26回					損益算				図形と比			
第27回					損益算				図形と比			
第28回					仕事算				相似と長さ			
第29回					仕事算				相似と長さ			
第30回					仕事算				相似と長さ			

回数	計算問題 [1] チェック欄	計算のくふう [2] チェック欄	未知数 [3] チェック欄	数・割合・比 [4] チェック欄	文章題単元名	[5] チェック欄	[6] チェック欄	[7] チェック欄	図形問題単元名	[8] チェック欄	[9] チェック欄	[10] チェック欄
第31回					ニュートン算				相似と面積			
第32回					ニュートン算				相似と面積			
第33回					ニュートン算				相似と面積			
第34回					過不足・差集め算				平面図形と点の移動			
第35回					過不足・差集め算				平面図形と点の移動			
第36回					過不足・差集め算				平面図形と点の移動			
第37回					つるかめ算				平面図形の移動			
第38回					つるかめ算				平面図形の移動			
第39回					つるかめ算				平面図形の移動			
第40回					旅人算				すい体の計量			
第41回					旅人算				すい体の計量			
第42回					旅人算				すい体の計量			
第43回					通過算				回転体			
第44回					通過算				回転体			
第45回					通過算				回転体			
第46回					流水算				空間図形の切断			
第47回					流水算				空間図形の切断			
第48回					流水算				空間図形の切断			
第49回					時計算				投影図・展開図			
第50回					時計算				投影図・展開図			
第51回					時計算				投影図・展開図			
第52回					場合の数				立方体の積み上げ			
第53回					場合の数				立方体の積み上げ			
第54回					場合の数				立方体の積み上げ			
第55回					こさ				水の深さ			
第56回					こさ				水の深さ			
第57回					こさ				水の深さ			
第58回					N進法				さいころ			
第59回					N進法				さいころ			
第60回					N進法				さいころ			